풍경에 다가서기

풍경에 다가서기

강영조 지음

효형출판

책을 내면서
'나'와 '너'의 관계로 풍경과 만나기 위해

누구든 한두 번은 풍경을 보고 그 아름다움에 감동한 적이 있을 것이다. 그것은 산 능선이 끝간 데 없이 겹쳐지면서 깊고 멀리 이어지는 풍경일 수도 있고 또 잔잔한 호수 저 너머에 우뚝 솟은 산이 물에 비친 제 그림자를 바라보는 듯이 서 있는 광경일 수도 있다. 심지어 길가에 핀 작은 꽃과 같이 생활 환경에서 만나는 사소한 풍경에서 가슴 저미는 아름다움을 맛보기도 한다.

    나는 이 책에서 풍경을 보고 거기에서 아름다움을 느끼는 단순하고도 찬란한 체험의 원천을 소개하려고 하였다. 풍경의 미적 체험은 개인의 감수성에 크게 의존하기 때문에 그것은 그리 간단하지 않았다. 그렇기는 하지만 우리 모두가 좋아하고 그 아름다움에 동의하는 풍경이 있는 것은 사실이다. 그래서 나는 이와 같은 풍경 평가의 집단적 합의라는 문화적 측면에 주목하였다. 아름다운 풍경을 설명하기 위해 우리가 대체로 아름답다고 여기는 정원이나 산수화, 그리고 문학 작품을 글머리들에 끌어들인 것도 그 때문이다.

이 책은 월간 『산』에 '풍경문화'라는 제목으로 연재한 글과 학회에 발표한 논문 몇 편을 다시 손질하여 내놓는 것이다. 연재에서 다룬 주제는 '풍경이란 무엇인가'라는 근원적인 물음에서 아름다운 풍경의 탄생과 그 물리적 특징, 나아가 풍경을 아름답게 보기 위한 방법에 이르기까지 실로 다양하다. 책으로 엮으면서 대체로 비슷한 주제의 글끼리 묶어놓기는 했지만, 반드시 순서대로 읽어야 하는 것은 아니다. 그러니 관심 있는 글부터 읽기를 권한다.

교량 미학의 권위자 레온하르트는 왜 아름다운 다리를 만들어야 하는가 하는 우문愚問에 이렇게 대답했다고 한다.
"추한 다리는 사람을 병들게 하기 때문이다."
추한 다리만이 그렇다는 말은 아닐 것이다. 그렇다. 추한 풍경은 그것을 보는 우리를 병들게 한다. 애석하게도 우리는 살아가는 주변에서 추한 풍경을 너무 쉽게 본다. 정말이지 병이 들 정도다.
이 책에 담은 글들은 풍경에 대한 인식을 새롭게 하고 그 아름다움에 한발 더 다가설 수 있도록 인문, 과학, 예술 분야를 아우르며 해설한 것이기도 하지만, 아울러 아름답고 쾌적한 생활 환경이란 어떻게 만들어야 하는 것인가에 대한 내 나름의 대답이기도 하다. 그래서 이 책은 풍경을 만드는 공간디자이너, 국토 풍경의 실무자, 그리고 풍경에 애착을 가지고 있는 모든 이들에게 자잘한 읽을거리가 될 것이다.

풍경은 지금의 자기와 눈앞의 세계가 만날 때 태어난다. 이 글을 읽으면 지금까지 보아왔던 풍경이 전혀 다른 모습으로 보일 수도 있다. 만약 그렇다면 당신은 이 책을 읽기 전과는 다른 사람이 된 것이다. 매일 보던 풍경이 새롭게 보이는 것은 지금까지와는 달라진 자신이 그 풍경과 마주하고 있기 때문이다. 세계를 보는 눈이 달라지는 것, 이 하나만으로도 이 책은 읽어볼 가치가 있다고 과감히 말해본다.

이 책은 많은 사람들의 도움으로 세상에 나오게 되었다.
먼저 경관공학이라는 매력적인 학문의 길로 인도해준 동경공업대학 나카무라 요시오〈中村良夫〉 명예교수에게 감사드린다. 이 글은 나카무라 교수의 오랜 가르침을 내 목소리로 되뇌어 본 것이라고 해도 좋다. 또 이 글을 1년 7개월 동안 연재해준 월간『산』과 그 기간 내내 이 글의 내용에 동의하고 또 적확한 제목으로 수정해준 안중국 선생에게 감사드린다. 그의 격려가 큰 힘이 되었다.

그리고 연재 원고를 가장 먼저 읽고 독자의 입장에서 의견을 준 아내 김지은에게 고마움을 전한다. 그녀의 말 한 마디에 다 써둔 원고를 다시 고쳐 쓴 적이 한두 번이 아니었다. 덕분에 글이 이나마 쉬워졌다.

다짜고짜 들이민 원고를 잘 다듬어 아름다운 책으로 꾸며주신 효형출판의 송영만 사장님과 편집부 식구들, 그리고 연재 내내 그림 작업을 도와준 당시 대학원생 강훈에게도 감사의 말을 전한다.

2003년 1월
강영조

책을 내면서
'나'와 '너'의 관계로 풍경과 만나기 위해 4

들어가면서
우리가 누구인지 말해주는 우리네 풍경 11

풍경과의 만남
소쇄원 풍경의 감상 | 김인후의 「소쇄원 48영」에서 보는 오감적 풍경 감상법 24
미각을 통한 풍경 체험 | 맛이 기억하는 아름다운 풍경 41
어세겸의 폐허 미학 | 스러져가는 것의 아름다움에 대하여 52
퇴계에게 배우는 풍경 체험 방법 열 가지 | 온전한 풍경 체험을 위하여 64
겸재에게 배우는 풍경 조망술 | 진경산수화 속의 사람들은 어디를 보고 있을까 76

풍경이 태어날 때
풍경의 탄생 | 낙원과 풍경화의 재현에서 대지예술에 이르기까지 92
진화의 산물, 풍경 | 풍경 감각도 절차탁마하면 풍부해진다 113

풍경의 이름을 불러줄 때
결연結緣의 미학, 풍경 | 나와 관계를 맺을 때 의미를 지니는 풍경 126
풍경의 언어, 언어의 풍경 | 인상에 남기 쉬운 풍경과 언어의 역할 138
팔경, '여기기'의 경관 설계술 | 풍경에 의미를 부여하는 팔경식 풍경 감상법 152

보기에 자연스런 풍경의 아름다움
풍경의 디스플레이론 | 자연스런 시선 행동과 풍경의 위치 168
곽희에게 배우는 아름다운 산수의 조건
| 산이 깊고 아득하게 보이도록 하는 원근법 세 가지 181

사용하듯이 보는 풍경
따뜻한 「세한도」 풍경 | 와유적 풍경 감상법과 점경물의 역할 196
쾌적한 도로와 아름다운 물가 풍경 | 기대 행동이 가능해보이는 공간의 중요성 210

나와 마주하고 있는 풍경
관계의 미학, 풍경 | 화이부동和而不同의 풍경 원리 224
용산의 형상 | 산이 되어 마을을 지켜주는 용들의 모습 237

나오면서
혼을 울리며 존재를 심화하는 풍경 체험 249

인용 및 참고문헌 260

들어가면서
우리가 누구인지 말해주는 우리네 풍경

나라는 깨어져도 산하는 그대로 國破山河在
성에 봄 들어 초목 깊어라 城春草木深
시절을 느껴 꽃도 눈물을 쏟고 感時花濺淚
이별을 한하여 새도 놀란다 恨別鳥驚心
봉화가 삼월에도 이어져 烽火連三月
집 편지는 만금 값 家書抵萬金
흰머리는 긁는 대로 짧아져 白頭搔更短
도무지 비녀는 못 이길 지경 渾欲不勝簪

— 두보杜甫, 「춘망春望」

나라는 난리가 나서 만신창이가 되었지만 산하는 여전히 그대로다. 그리고 어김없이 봄이 되었다. 성곽에 둘러싸인 마을에도 꽃이 핀다. 어지러운 현실에 꽃조차 눈물을 흘리고, 새 우는 소리도 구슬프게 들린다. 삼월이 되어도 난리는 계속되니 계절과는 어울리지 않는 봉화불이 피어오르고 있다. 피난간 가족이 걱정된다. 그들의 소식이 담긴 편지를 얻을 수 있다면 만금萬金이라도 아깝지 않을 지경이다. 가족을 걱정하는 마음에 머리는 온통 희어지고 또 빗는 대로 빠져 비녀조차 꽂을 수 없을 정도가 되었다.

두보 나이 마흔아홉에 썼다는 시다. 안녹산의 난이 일어난 직후 반란군 진영에 구금되어 있던 시기의 작품이라고 전한다. 난리를 만나 적에게 붙잡힌 몸으로 고향에 있는 가족의 안위를 걱정하는 두보의 심정이 잘 드러나 있다는 것이 이 시에 대한 일반적인 해설이다.

그런데 고향에 있는 가족의 안위를 걱정하는 글에서 산하의 풍경이라는 가시적인 세계와 나라라는 무형의 세계를 병치하고, 그 둘 사이의 관계를 가장 먼저 언급한 점에 주목하게 된다.

나라는 깨어져도 산하는 그대로

대개 시의 첫 구절에서는 그 시를 읽을 독자를 일순에 시세계로 끌어들이는 흡인력 있는 언어를 사용하는 것이 상투인데, 나라가 갈가리 찢어진 것과 산하의 풍경이 여전한 것과는 어떤 관계가 있기에 두보는 첫 문장에 이 둘을 병치했을까.

풍경을 어떻게 볼 것인가를 생각하려는 이 글에서 두보의 이 시를 먼저 음미해보는 것은 풍경과 인간과의 의미를 되새겨보기 위함이다.

인간의 풍경 체험은 외계의 시각상을 눈으로 받아들이는 것에서 시작한다.

"주위를 그저 둘러보고 있는 사람들에게 눈은 말하자면 창과 같다. 그 커튼이라고 할 수 있는 눈꺼풀을 들어올리면 사물과 생물의 세계가 펼쳐져 있는 바깥세상이 한눈에 보인다."

시각심리학자 볼프강 멧츠거는 저서 『시각의 법칙』을 통해 일상생활에서 세계의 시각상을 획득하는 일이 얼마나 쉬운 것인지를 이렇게 표현했다. 그러나 이 진술은 살아 있는 세계의 시각적 체험을 제대로 표현하기에는 뭔가 부족하다.

풍경 체험은 단순히 외계의 시각상을 객관적으로 보는 것이 아니라 그 사물의 표정을 읽는 것이다. 예를 들면, 길가의 가로수를 기계적인 반복 식재로만 보지 않고 마치 그 길을 걷는 사람을 정중히 맞이하는 안내인처럼 느낄 때, 다시 말해 일종의 의인적 풍모를 느낄 때 우리는 비로소 풍경을 체험한다고 말할 수 있다. 또 어떤 산 앞에 섰을 때 그 산이 우리를 응시하고 있는 듯한 느낌을 받거나, 물가에 서서 치렁치렁 가지를 늘어뜨리고 있는 버드나무가 물끄러미 수면을 관조하는 사람의 모습으로 보일 때에도 풍경을 체험한다고 말할 수 있다.

이러한 풍경 체험은 사물에 대한 의인적 체험이다. 의인적 체험은 사물에서 인격적 풍모를 직관하는 것이다. 사물에서 인격적 풍모를 느끼는 이른바 애니미즘 체험은 이 세상을 무無로 돌리지 않으려는 지성의 장치라고 베르그송은 말한다. 무기적인 사물에 자기를 투영하여 보는 것이 애니미즘 지각이다. 그래서 풍경은 자기를 비추는 거울이라고 말할 수 있다.

산수에서 호언시기浩然之氣를 배우는 사람과 풍경과의 상호간섭적 관계는 풍경에 비친 자기를 바라볼 수 있기에 가능한 일이다. 인자仁者는 산을 좋아하고 지자知者는 물을 좋아한다는 『논어』의 단언은 미동하지 않는 마음을 지닌 인자와 재기발랄한 지자의 성정을 산과 물에 빗댄 것이라기보다, 그들의 풍경적 기호가 각자의 심성에 배어듦을 표현한 것으로 이해하면 어떨까.

그렇게 보면, 사대부가 곧잘 산수언어로 자신의 호號를 취한 일이 납득된다.

"사함士涵 유한렴劉漢濂이 죽원옹竹園翁이라 자호하고 거처하는 집에 불이당不移堂이란 편액을 걸고는 내게 서문을 지어주기를 청하였다. 내가 일찍이 그 집에 올라보고 그 동산을 거닐어 보았지만 한 그루의 대나무도 보이지 않았다. 그런데 그는 왜 자신의 호를 죽원옹이라 했을까?"(박지원,「불이당기不移堂記」)

그것은 유한렴 자신이 대밭이 되려 했기 때문이다. 스스로가 대밭이라는 풍경이 되고, 절개를 지켜 환난 속에서도 변치 않는 사람이 되려고 했던 것이다. 대나무가 늘 푸르듯이.

전남 담양의 죽록천竹綠川을 송강松江이라 이르고 이를 자신의 호로 삼은 정철, 양진암養眞庵 앞을 지나는 토계兎溪를 퇴계退溪라 하여 자신의 호로 삼은 이황은 스스로 산수가 되었다. 정약용은 후세 사람들이 차밭(다산茶山)으로 불러 그가 유배 생활을 한 강진의 풍경으로 그를 기억했다.

우리의 수많은 선비들은 부모가 지어준 이름보다는 풍경으로 스스로를 칭하고 그리 불러주기를 원했다. 풍경에 자기를 투영할 뿐 아니라 스스로를 풍경으로 여긴 것이다. 이와 같은 자연과 인간에 대한 상호절환적인 사고는 '아름다운 산수에서 훌륭한 인재가 양육된다'고 하는 산수인물양육론山水人物養育論으로 비약될 수 있다.

다산초당 풍경.
정약용은 후세 사람들이
다산으로 불러 그가
유배 생활을 한 강진의
풍경으로 그를 기억했다.

　산하의 아름다움과 그것을 바라보고 사는 사람과의 관계를 산수인 물론으로 설정한 이는 『택리지』를 쓴 이중환이다. 그는 가거지可居地, 즉 사람이 살 만한 장소를 판단하는 기준으로 지리地理와 생리生理와 인심人心, 그리고 산수山水를 들었다.

　'생리'는 기름진 땅, 즉 농업생산적 기반이 든든한 곳을 일컫는다. 그러면 '지리'가 함의하는 것은 무엇일까.

　"먼저 수구水口를 보고, 다음 들의 형세를 본다. 다음에 산의 모양을 보고, 다음에는 흙의 빛깔을, 다음은 조산朝山과 조수朝水를 본다."(이중환, 『택리지』)

　이른바 풍수론적으로 길지를 말하는 것이다. 그래서 이중환의 지리는 풍수로 치환할 수 있다.

풍수서 『인자수지人子須知』에서는 '풍과 수는 생기生氣의 래來, 지止, 취聚를 보는 것이다'라고 했다. 또 『조선의 풍수』를 저술한 조선총독부 기사 무라야마 지쥰〈村山智順〉은 '풍수의 본질은 생기와 감응感應, 이 두 가지에 있다'고 했다. 여기서 말하는 생기란 땅 속을 흐르는 기운이다. 감응은 그 기운을 받을 때 나타나는 인간사의 길흉화복을 말한다. 대개 풍수에서는 땅의 형상과 인물의 탄생을 유비적인 관계로 설정하고 있으니 결국 이중환이 말하는 가거지의 '지리'는 탁월한 인물의 배출을 염두에 두고 있다고 할 수 있다.

'산수' 역시 인물과 관계가 깊다. 이중환이 말하는 산수의 기능을 살펴보자.

"대저 산수는 정신을 즐겁게 하고 감정을 화창하게 하는 것이다. 그러므로 기름진 땅과 넓은 들에 지세가 아름다운 곳을 가려 집을 짓고 사는 것이 좋다. 그리고 십 리 밖, 혹은 반나절 길쯤 되는 거리에 경치가 아름다운 산수가 있어 매양 생각날 때마다 찾아가 시름을 풀고 혹은 유숙한 다음 돌아올 수 있는 곳을 장만해둔다면 이것은 자손대대로 이어나갈 만한 방법이다."(이중환, 앞의 책)

아름다운 산수에 의해 정신이 즐거워지고 감정이 화창하게 된다는 것은 무엇을 뜻하는가. 『택리지』의 발문에서 정약용은 아름다운 산수의 기능에 대해 구체적으로 다음과 같이 언급했다.

"사람이 살아가는 이치를 내가 논한다면 물과 불에 대해 먼저 살펴보는 것이 마땅하다는 것이다. 다음은 오곡이고 그 다음은 풍속이며

낙안 읍성 민속마을 풍경.
이중환은 사람이 살 만한 장소를 판단하는 기준으로 지리와 생리와 인심, 그리고 산수를 들었다.

또 다음은 산천 경치가 좋아야 한다는 것이다. (중략)

　나라 안 장원莊園 중에서 아름답기로는 영남이 제일이다. 까닭에 사대부로서 수백 년 동안 때를 만나지 못했어도 그 존귀함과 부유함이 줄지 않았다. 그 집들이 각자 한 분, 훌륭한 조상을 모시고 한 장원을 점유하여 일가끼리 살면서 흩어지지 않았으므로 집을 공고하게 유지하여서 뿌리가 뽑히지 않았다.

　예를 들면, 이씨는 퇴계를 모시고 도산을 점유하였고, 유씨는 서애를 모시고 하회를 점유하였고, 김씨는 학봉을 모시고 내앞〈川前〉을 점유하였고, 권씨는 충재를 모시고 닭실〈鷄谷〉을 점유하였으며, 김씨는 학사를 모시고 오미곡을 점유하였고, 김씨는 백암을 모시고 학정을 점유하였으며, (중략)

　그 다음은 호서가 좋다. 까닭에 회천에 송씨, 이잠에 윤씨, 연산에 김씨, 서산에 김씨, 탄방에 권씨, 부여에 싱씨, 먼천에 이씨, 우양에 이씨 같은 류는 모두 뿌리가 얽히고 박혀서 세상에 알려졌다. (중략)

　그러나 사대부로서 터를 차지하여 후세에까지 전하는 것은 상고시대 제후에게 나라가 있는 것과 같은데 이리저리 옮겨서 붙어살다가 능히 크게 떨치지 못하면 나라를 잃어버린 자와 같게 된다."

　다소 긴 인용이지만, 정약용의 이 글은 아름다운 산천과 훌륭한 인재 생산과의 유기적 관계를 논술한 것이다. 이중환과 정약용은 수려한 산수에서 나라를 태평성대로 이끌 인재가 배출된다는 점에 동의한 듯하다.

　1930년대 독일에서 자연의 풍경과 인공의 고속도로 선형이 절묘하게 조화를 이루는 자동차 전용도로 아우토반의 기본계획안을 입안한 토트 박사는 풍경과 국민성과의 관계를 이렇게 말한다.

"풍경과 토지란 인간 생활과 국민 문화의 기초적인 표현이다. 사람을 양육하고 만들어내는 고향이다."

이 가운데 풍경이 그 나라 국민의 문화이며 사람을 양육하는 고향이라는 말에 주목하고 싶다. 이는 아름다운 산하가 훌륭한 인재를 양육한다는 다산의 진술과, 산하와 나라와의 유기성을 염두에 둔 두보의 생각과도 일치하는 것이다. 다시 말해서 산하의 풍경을 보면 그 나라가 양육한 국민의 수준을 알 수 있다는 것이다.

"풍경이란 그 나라 민족의 작품이라고 생각해도 좋다"고 일본의 경관학자 나카무라 요시오〈中村良夫〉는 단정한다. 그는 앙드레 말로가 일본에 왔을 때 유명한 폭포 '나치〈那智〉'를 보러 가면서 줄곧 창 밖만을 바라보고 있었던 것도 일본 국민을 차창 풍경을 통해 단번에 알아채려 했기 때문이라고 말한다.

그렇다고 해서 수려한 산하가 기계적으로 인재를 생산해낸다는 것은 아니다. 이중환과 정약용, 토트, 앙드레 말로가 암묵적으로 양해한 것은 다름 아닌 수려한 산하를 지키고 가꾸는 사람들의 풍경적 안목 뒤에 감추어진 지성과 저력일 것이다.

과거의 우리가 어떠했는지를 알려고 할 때 반드시 역사책을 뒤적일 필요는 없다. 과거의 우리가 만들어놓은 풍경을 보면 된다. 우리는 산수 지리 체계를 읽어 마을과 종택을 점지하고, 경작지를 펼치고, 가까

덕유산 풍경.(사진 정정현)
산하의 풍경을 보면 그 나라가 양육한 국민의 수준을 알 수 있다.

운 계곡에 작은 정자를 지어 탁족 濯足할 수 있는 소沼와 담潭의 푸른 물로 풍경을 만들었다. 또 마을 고샅의 완만한 선형과 길가의 작은 들풀과 반쯤 열린 대문 사이로 새어나오는 뜰이 그려내는 풍경을 가지고 있었다. 산하를 금수강산으로 은유하고 단애斷崖와 폭포와 계곡에 아명雅名을 부여하고 시와 그림으로 상찬賞讚하면서 승경勝景의 풍경을 만든 것도 우리들이다.

그러면 산을 허물고 골을 메워 거대 건조물을 세우고, 산자락을 잘라내어 자연의 선형에 대비되는 곧은 선의 큰길을 태연히 만들어내는 지금의 우리는 누구인가. 자그마한 산하를 압도하는 고층건물로 숲을 이룬 도시와, 원색 바탕에 큰 글씨의 간판이 소리치듯 즐비한 거리와, 대문을 박차고 뛰어나와 재잘거리던 아이들을 어디론가 소개疏開하고 높은 담과 굳게 걸린 무거운 문만을 나열한 침묵의 골목 풍경 들은 누가 만든 것인가. 한적한 어촌 마을의 나른함을 일순에 긴장시키는 거대 교각을 배경으로 유채밭을 앞줄에 세운 채 기념사진 속으로 작아지는 우리의 모습은 어떠한가. 고층건물 사이를 유영하듯이 뻗어 있는 고가도로와 그 위를 빼곡이 채운 자동차 불빛이 연출하는 야경을 스카이라운지에서 보고 즐기는 우리는 어떤 국민인가.

두보는 적지에서 난리 전과 다름없는 풍경을 보면서 살육과 노략질에 빠진 중국인과 아름다운 풍경과의 괴리를 절감했다. 봄날 성 안에서 가족을 생각하던 두보는 이 나라 국민이 이 지경이니 아름다운 풍경 역시 곧 찢겨져버리고 말 것이라고 개탄하고 있었을까, 아니면 산하의 건재함에서 난리를 수습할 인재의 대두를 예감하고 있었을까.

두보의 생각을 알 수는 없으나 산하 풍경이 그 나라 국민을 비추는 거울이라는 점을 깊이 자각하고 있었음에는 틀림없으리라.

풍경과의 만남

소쇄원 풍경의 감상

미각을 통한 풍경 체험

어세겸의 폐허 미학

퇴계에게 배우는 풍경 체험 방법 열 가지

겸재에게 배우는 풍경 조망술

소쇄원 풍경의 감상
김인후의 「소쇄원 48영」에서 보는 오감적 풍경 감상법

대숲 너머 부는 바람은 귀를 맑게 하고
시냇가의 밝은 달은 마음 비추네

깊은 숲은 상쾌한 기운을 전하고
엷은 그늘 흩날려라 치솟는 아지랑이 기운

술이 익어 살며시 취기가 돌고
시를 지어 흥얼노래 자주 나오네

한밤중에 들려오는 처량한 울음
피눈물 자아내는 소쩍새 아닌가

– 김인후, 「소쇄원을 위한 즉흥시」

소쇄원瀟灑園은 양산보(梁山甫 1503~1557)가 만든 정원이다. 양산보는 본관이 제주이며 자가 언진彦鎭이고 호가 소쇄공瀟灑公이다. 15세 때 아버지 창암공을 따라 상경하여 정암靜菴 조광조趙光祖의 문하에서 수학하였다.

1519년 기묘사화 당시 스승인 조광조가 실권하여 전라남도 능주 적소로 유배되고 결국 죽음을 맞이하게 되는데 그 현장을 목격한 소쇄공은 다시는 세상에 나서지 않겠다고 결심하고는 어릴 때 뛰놀던 지석마을의 아름다운 계곡을 은거지로 삼고 정원을 꾸며나갔다. 그는 자신의 호를 따서 그 정원을 소쇄원이라 명명하였다.

소쇄원이 언제 완성되었는지는 불분명하다. 다만 소쇄공이 고향으로 돌아온 해가 1520년, 세상을 떠난 해가 1557년이니 그 사이에 만들어진 것임에는 틀림없다. 정원학자 정동오는 『동양조경문화사』에서, 소쇄원의 생생한 모습을 읊은 김인후(金麟厚 1510~1560)의 「소쇄원 48

김인후의 「소쇄원 48영」이 새겨진 편액. 소쇄원의 주인은 양산보지만 그 아름다움을 발견하고 언어로 외재화한 이는 김인후다.

영」이 명종 3년(1548)에 지어졌고, 또 현재 우리가 보는 소쇄원의 건축과 조경 공간이 그 시가의 내용과 흡사하다는 점을 들어 1540년대에는 완성되었을 것이라고 하고 있다.

그러나 소쇄원을 양산보 혼자 작정作庭했다고는 보지 않는다. 건축학자 김봉렬은 양산보가 소쇄원을 조성하는 데 송순과 김인후의 도움을 받았다고 하고 있다. 가사의 효시적 작품으로 꼽히는 「면앙정가」의 작자 송순(宋純 1493~1583)은 이미 자신의 정자 면앙정을 경영한 경험이 있었고, 김인후 역시 평천장 정원을 조성한 경험이 있었다. 양산보는 송순과 이종사촌 간이고, 김인후와는 사돈간이다.

김봉렬은 김인후의 「소쇄원을 위한 즉흥시」가 소쇄원 계획의 핵심을 간파한 것이라고 한다.

"이 시에 등장하는 소재들은 대숲의 바람과 소쩍새 울음, 엷은 그늘과 밝은 달, 그리고 취중에 나오는 시와 노래다. 소쇄원은 청각적인 정원이며, 밝음과 어둠이 교차하는 입체적인 정원이고, 궁극적으로는 시적 감흥을 불러일으킬 문학적 정원이다."(김봉렬, 「소리와 그늘과 시의 정원, 소쇄원」)

그리고는 김인후에 대해 이렇게 덧붙인다.

"그는 뛰어난 문학적 감수성으로 소쇄원의 진가를 포착했다."

이 말은 소쇄원이라는 물리적 환경은 양산보가 만들었지만 그 아름다움을 발견하고 언어로 외재화한 이는 김인후라는 뜻이다. 정원을 만든 사람은 양산보지만 그는 자신이 만든 소쇄원의 아름다움에 대해 침묵하고 있었다. 그 대신 소쇄원 조성에 조언한 김인후는 많은 노래로 양산보의 별서(別墅, 지금으로 말하면 별장)를 상찬했다.

명소보다 노래가 오래간다고 했다. 황폐한 소쇄원을 지금의 모습으로 복원할 때 가장 중요한 자료가 된 것은 김인후의 「소쇄원 48영」이었다. 거기에는 정원의 중요한 건축물과 돌과 나무와 연못, 그리고 그 소재들간의 구도적 관계가 서술되어 있는 것이다.

그런데 김인후는 「소쇄원 48영」을 통해 소쇄원 경물들의 존재 양상만 우리에게 전하는 것이 아니라, 함축성 있는 문장으로 모름지기 풍경 체험이란 어떤 것인가에 대해서도 말하고 있다. 그는 풍경을 제대로 체험하려면 오감五感을 모두 사용해야 한다고 말하는데, 여기서 한 번 그를 좇아 소쇄원 풍경의 진수를 체험해보도록 하자. 참고로 이 글에 사용된 「소쇄원 48영」은 소쇄원 시선 편찬위원회 편 『소쇄원 시선』에 수록된 것임을 밝혀둔다.

시각

풍경은 시지각을 매개로 성립하는 정신 현상이다. 따라서 풍경 체험에서 가장 우선하는 감각은 시각이다. 그러나 시각은 단순히 눈꺼풀을 들어올리는 행위만으로는 얻어지지 않는다. 얼굴 상부에 위치한 시각 기관은 머리를 돌리거나 위아래로 움직임으로써 다양한 시각상을 얻는다. 예를 들면 다음의 '두회頭回'와 같은 것이 있다.

등 뒤엔 여러 겹의 청산이요
고개를 돌리면〈頭回〉흐르는 푸른 옥이라

광풍각 풍경. 김인후는 '매대와 광풍각이 신선세계야'라고 노래한다.

이 나이에 어찌 기쁜 일이 없으리

매대梅臺와 광풍각光風閣이 신선세계야

　－제4영 '산을 지고 앉은 자라바위'

몸의 이동과 자세의 변화로도 다양한 시각상을 얻는다. 김인후가 소쇄원의 풍경 체험에서 취한 신체적 자세는 기대다(제1영 '자그만 정자의 난간에 기대어', 제24영 '홰나무 옆의 바위에 기대어 졸다가'), 오르다(제5영 '돌길을 위태로이 오르니', 제12영 '매대에 올라 달을 맞으니'), 눕다(제13영 '광석에 누워 달을 보니'), 앉다(제19영 '걸상바위에 고요히 앉아'), 거닐다(제23영 '긴 계단 길을 거니노라면'), 졸다(제24영 '홰나무 옆의 바위에 기대어 졸다가') 등 실로 다양하다.

숲을 베어 매대가 훤히 트임은

달 오를 때를 즐기기 위해서지

제일 미쁘다 구름 흩어져가면

추운 밤에는 싸늘한 자태 어리비치네

　－제12영 '매대에 올라 달을 맞으니'

밝은 하늘 달 아래 이슬 받으면

바위 자리엔 상서로움 생기리

긴 숲에 달빛이 흩뿌려지니

밤은 깊어도 잠은 이룰 수 없네

-제13영 '광석에 누워 달을 보니'

　그러나 시각상을 획득하는 데는 무엇보다도 시야의 신축과 시선의 이동이 필요하다.

　　높은 묏부리서 굴러온 바위에
　　뿌리서려 자란 두어 자 소나무
　　송화松花꽃 몸에 만발하며
　　기세는 하늘의 푸르름을 지녔고녀
　　-제17영 '하늘이 이룬 솔과 돌'

　이 시에서 김인후의 시선과 시야는 애초에 높은 산에나 있음직한 거대한 바위에 있다. 그의 시선은 이윽고 소나무로 전이한다. 거대한 바위를 볼 때보다 다소 좁아진 시야를 하고 있다. 송화로 시선을 돌릴 때는 더욱 좁아진 시야다. 시야의 변이變移는 곧 의식야意識野의 변이를 나타낸다. 김인후는 의식야를 끊임없이 쇄신하면서 시각상을 갱신하고 있다.

　김인후는 소쇄원의 천변만화하는 시각상을 얻기 위해 머리를 돌리는 등의 시선의 이동과 기대다, 오르다, 눕다, 앉다, 거닐다, 좇다 등 신체의 다양한 이동과 자세를 이용하여 연속적인 풍경의 변이를 체험하고 있다. 다시 말해 김인후의 「소쇄원 48영」은 풍경의 시각상을 얻기 위한 모든 신체적 운동을 보여주고 있다.

청각

무성영화의 비현실성은 소리가 생동감 있는 현실성을 담보한다는 반증이다. 소리는 시각으로 획득한 감각 정보를 증폭한다. 산사山寺 풍경에서 우러나오는 그윽함과 적막감은 그 침묵을 깨는 처마 끝 풍경소리로 확인한다. 소리가 시각적 환경에 생명을 불어넣는다.

동아시아의 팔경식 풍경 체험의 원조인 '소상팔경瀟湘八景'에도 소리의 풍경이 있다. '소상에 내리는 밤비〈瀟湘夜雨〉', '산사의 저녁종〈煙寺暮鐘〉'이 그것이다.

「소쇄원 48영」의 제3영 '가파른 바위를 흐르는 물', 제7영 '나무 홈대를 통해 흐르는 물'에서도 물소리가 빚어내는 풍경을 노래하고 있다.

홈을 타고 샘줄기 흘러내리어
높낮은 대숲 아래 못을 이루네
높이서 떨어진 물줄긴 물방아를 돌리는데
온갖 물고기가 흩지어 노네
–제7영 '나무 홈대를 통해 흐르는 물'

그외에도 바람소리(제10영 '대숲에 부는 바람소리'), 빗소리(제43영 '빗방울 두드리는 파초')의 풍경이 소쇄원의 아름다움을 담보한다.

자연이 빚어내는 소리만이 소쇄원을 아름답게 하는 것은 아니다.

계류와 광풍각 풍경.
자연이 빚어내는 소리는
풍경의 아름다움을 증폭시킨다.

거문고 타기가 쉽지 않은 건
세상을 통틀어도 종자기鍾子期가 없음에서지
한 곡조 맑고 깊은 물에 메아리치니
마음과 귀가 모두 안다네
―제20영 '맑은 물가에서 거문고를 비껴안고'

거문고의 명수인 백아白牙가 자신의 거문고 소리를 알아주던 종자기가 죽자 거문고 타기를 그만두었다는 고사를 떠올리게 하는 이 대목은 김인후의 지음知音의 경지를 보여준다. 거문고 음자락이 물소리와 바람소리 등 자연의 소리와 어우러지면서 자연의 아름다움을 한층 더 격상시키는 순간을 김인후는 놓치지 않은 것이다.

자연의 아름다움을 증폭하는 소리는 음악만이 아니다.

소쇄원의 경치가
소쇄정에 알뜰히도 모였네
쳐다보면 시원한 바람 나부끼고
귓가에는 패옥佩玉 부딪는 소리
―제1영 '자그만 정자의 난간에 기대어'

작은 정자 난간에 기대어 서 있으니 선비들이 정원을 거닐 때 흰 옥으로 만든 패옥이 발걸음에 채여 나는 소리와 영롱한 물소리가 어우러진다. 자연의 소리와 인기척이 절묘하게 어우러지는 한순간을 포착한 이 시로 김인후는 무릇 아름다운 풍경이란 사람이 있는 풍경이라고 말하고 있는 것은 아닐까.

자연의 소리들, 그리고 자연과 사람이 내는 소리가 서로 어우러져 소쇄원 풍경에 생기를 불어넣는 협음현상을 김인후는 노래하고 있다.

촉각

풍경을 보는 감각기관인 시각에는 촉각이 동반되기도 한다. '째려보다', '훑어보다'는 촉수觸手와 같은 시선을 표현하는 말이다.

아름다운 장미꽃을 볼 때 손을 대보지 않아도 꽃잎은 보드랍고 뾰족한 가시는 날카롭게 느껴진다. 그것은 시각에 촉각이 동반되어 있기 때문이다. 풍경에서 재료가 지니고 있는 질감의 체험은 촉각이 동반된 시각 체험이다. 이러한 체험을 촉시적觸視的 체험이라고 하자.

촉시적 풍경 체험은 예를 들면 여름에 그늘과 물이 시원하게 보이거나 겨울에 양지가 따뜻하게 보이는 등의 피부감각이다.

> 산 언덕에 묵은 줄기가 이어
> 비와 이슬에 무성히 자랐다
> 순舜 임금 때의 해가 천고를 밝히니
> 남녘바람 지금까지 불어오누나
> — 제37영 '오동나무대에 드리운 여름 그늘'

이는 여름 그늘의 서늘한 촉시각을 노래한 것이다. 그리고 다음은 겨울 낮의 밝은 양광이 따뜻한 피부감각으로 현시現示되는 것을 노래하고 있다.

> 양지녘 저 앞 냇물은 얼어 있어도
> 양지녘 위의 눈은 모두 녹았네
> 팔 베고 따뜻한 볕 쬐다가 보면
> 한낮의 닭울음은 다리까지 들리네
> －제47영 '볕이 든 단壇의 겨울 낮'

그러나 무엇보다도 소쇄원의 풍경을 피부로 실감할 수 있는 지름길은 직접 그 풍경 속에 뛰어드는 것이리라. 예를 들면 물웅덩이에서 미역을 감는 행위가 그것이다.

> 밝은 물 깊어도 바닥이 보이니
> 목욕을 마치어라, 푸른 물 무늬
> 못 믿을 손 인간 세상
> 열기가 속세의 때를 벗겨주나니
> －제25영 '조담槽潭에서 미역을 감고'

이외에도 정원을 거닐면서 이끼를 밟을 때 발바닥으로 느끼는 피부 체험이 있다.

길은 하나련만 삼익우三益友가 잇달아
더위 잡아 오르니 높지도 않으이
워낙 속세의 인간은 근접을 못하는 곳
이끼는 밟을수록 오히려 재미져
－제5영 '돌길을 위태로이 오르니'

이는 풍경을 직접 몸으로 확인하는 행위로, 세계를 보다 실감 있게 체험하는 방법이다.

후각

향기는 풍경이라는 물리적 세계와 그것을 보는 사람 사이를 이어준다. 숲에서는 나무내음이, 갯가에서는 갯내음이 난다. 특정의 장소에는 특정의 향이 있다. 아침 풍경에는 아침 특유의 맑은 공기향이 있다. 산속의 사찰에는 싱그러운 숲내음과 함께 불전에 피운 향내음이 있다. 나무냄새와 선향線香 없이는 고즈넉한 산사의 느낌이 없다. 정원에는 물과 나무와 꽃냄새가 있다. 김인후 역시 소쇄원이라는 장소의 아름다움을 뒷받침하는 것으로 향을 들고 있다.

조촐히 선 게 어디 보통 꽃이랴
고운 자태는 멀리서 볼 만하고
향기는 골짜기를 가로질러 넘난다
방에 들이니 지란芝蘭보다 오히려 좋아

초정 풍경. 풍경을 직접 몸으로 확인함으로써
세계를 보다 실감 있게 체험할 수 있다.

－제40영 '개울 건너 핀 연꽃'

　　세상의 하고 한 저 꽃들을 보소
　　도무지 열흘 가는 향기가 없네
　　어찌하여 시냇가의 저 백일홍은
　　백 날이나 붉은 꽃을 대하게 한담
　　　　－제42영 '골짜기 시냇물에 다가 핀 목백일홍'

미각

풍경 체험에서 미각은 직접적인 관련이 없어 보인다. 그러나 어떤 장소에서의 음식 행위가 그곳 풍경의 인상을 달리 보이게 하는 일이 종종 있다. 또는 어떤 풍경이 그곳에서 먹는 음식을 더 맛있게 하는 상승작용을 일으키기도 한다.

　　한 이랑이 다 못 되는 네모진 연못
　　그래도 넉넉하다 맑은 물결 갈무리엔
　　물고기들 놀이에 주인 그림자
　　무심한 낚싯줄 그냥 드리워
　　　　－제6영 '작은 못〈小塘〉에 물고기 노나니'

　　강동江東의 장한張翰 이후로
　　풍류를 아는 이 그 누구리

모름지기 농어의 회는 아니라 해도
얼음실〈氷紗〉 같아 맛볼 만한 것을
  －제41영 '못에 흩어진 순채싹'

소쇄원의 소당小塘은 상류에서 홈통으로 뽑아 올린 물이 제1영의 무대가 된 소정小亭 아래로 흘러들어 생긴 연못이다. 여기에 주인이 물고기를 놓아두고 손님이 오면 낚시로 건져 안주를 삼았다고 한다. 눈앞의 풍경으로 있던 물고기가 식탁에 오른다. 그것을 상미賞味하는 것은 그야말로 풍경을 맛보는 행위다. 그런 의미에서 제철에 난 음식을 먹는 행위는 계절을 음미하는 직접적 체험이다.

정원과 같은 명소에서의 음식 행위 가운데 빼놓을 수 없는 것이 음주다.

물이 도는 바윗가에 둘러앉으면
소반의 채소는 무엇이든 풍성해
소용돌이 물결에 절로 오가니
띄운 술잔 한가로이 주거니 받거니
  －제21영 '스며 흐르는 물길 따라 술잔을 돌리니'

개성전팔경의 웅천계음熊川契飮, 청안팔경의 청하계음淸河契飮 등 우리나라 팔경에서 보는 음식 행위는 단순히 공복을 해소하는 일차적 의미를 넘어 사교적 의미를 함의하고 있어, 사회 집단 내에서 통용되는 일종의 기호적 의미가 담겨 있다. 풍경 속에서의 음식 행위는 풍경을 보거나 만지거나 향기를 맡거나 하는 것보다 더 직접적으로 풍경을 체험하는 일이다. 김인후는 누구보다도 이 사실을 잘 알고 있었다.

450년 전 김인후의 풍경 감상법은 풍경과 신체와의 철저한 상호교섭을 보여준다. 시선의 미동과 회전, 시야의 섬세한 변이, 풍경의 조건에 조응하는 다양한 신체 자세, 자연에 협음하는 인공의 소리를 선별하는 예민한 귀, 전신으로 감지하는 경물들의 감촉, 그리고 풍경과 교향交響하는 음식물을 가려내는 미각. 이것이 소쇄원을 주인보다 더 절찬한 김인후식 풍경 감상법의 요체다.

미각을 통한 풍경 체험
맛이 기억하는 아름다운 풍경

중국의 '소상팔경'은 중국 문화와 함께 고려말 우리나라로 전파되었다. 그리하여 고려의 수도 개성에서도 그것을 모사模寫한 '송도팔경'이 선정되었다. 이것은 우리나라의 팔경으로는 비교적 초기의 것이다. 이 송도팔경이 『신증동국여지승람』에 수록되어 있다.

그런데 이때 선정된 송도팔경에 팔경의 근원지인 중국의 소상팔경과는 판이하게 다른 성격의 풍경이 포함되어 있어 눈길을 끈다. 이제현(李齊賢 1287~1367)이 노래한 '웅천에서의 계모임〈熊川契飮〉' 풍경이 그것이다. 웅천계음은 '웅천'이라는 장소와 그곳에 모여 술을 마시고 풍류를 즐기는 사람들의 모습을 조합한 것이다. 소상팔경에서는 볼 수 없는 내용이다. 팔경식 감상법이라는 형식은 중국에서 빌어왔지만 그 내용은 중국과 판이하게 다르다.

'계음'이란 어떤 모임인가. 『신증동국여지승람』에 수록된 이제현의 제영시「웅천계음」을 읽어보자.

> 사장沙場 머리에서 술병은 다 비웠고,
> 해는 지려 하는데 맑은 물에 발을 씻고 나는 새 바라본다.

이 뜻이 스스로 아름다운데 그 누가 알아줄까.

공문孔門에서는 무우(舞雩, 공자의 제자 증점이 무우에서 놀고 싶다고 한 옛 고사에서 인용)에 놀고 돌아옴을 허여許與하였네.

문우들과 만나 술 한 잔 하다 웅천에 발을 담근 후, 머리를 들어 하늘에 나는 새를 바라보는 정경이 그려져 있다. 웅천에서의 '계음'은 문인들의 계회契會를 가리키는 것으로 보인다.

우리나라에서 계회의 풍경을 팔경으로 선정한 경우는 이제현이 처음이다. 웅천에서 동기들과 술 마시고 노래하던 그 계회의 추억이 얼마나 인상적이었길래 이제현은 송도를 대표하는 여덟 풍경에 그것을 포함시켰을까.

18세기말 정수영이 그린 「백사동인야유도白社同人野遊圖」(오른쪽)를 통해 계회에서의 풍경 체험을 알아보자.

미술사가 박정애의 해설에 따르면 이 그림은 남인 계열의 선비화가 정수영(鄭遂榮 1743~1831)이 백사白社 회원들의 시회詩會 모습을 그린 것이라고 한다. 정수영은 조선 후기 정조, 순조 연간에 활동한 선비화가로, 정인지의 후손이자 남인 지리학자 정상기의 증손이다. 백사는 남인계 인사들의 모임이다. 이 그림이 실린 『백사회첩白社會帖』의 서문에 따르면, 도성 서편에 거주하는 사대부들이 벼슬에서 물러나 서로 친교를 이루다가 자연스레 백사를 이루어 시회를 갖고 서첩을 꾸몄다고 한다.(유홍준, 이태호 편, 『만남과 헤어짐의 미학』에서 재인용)

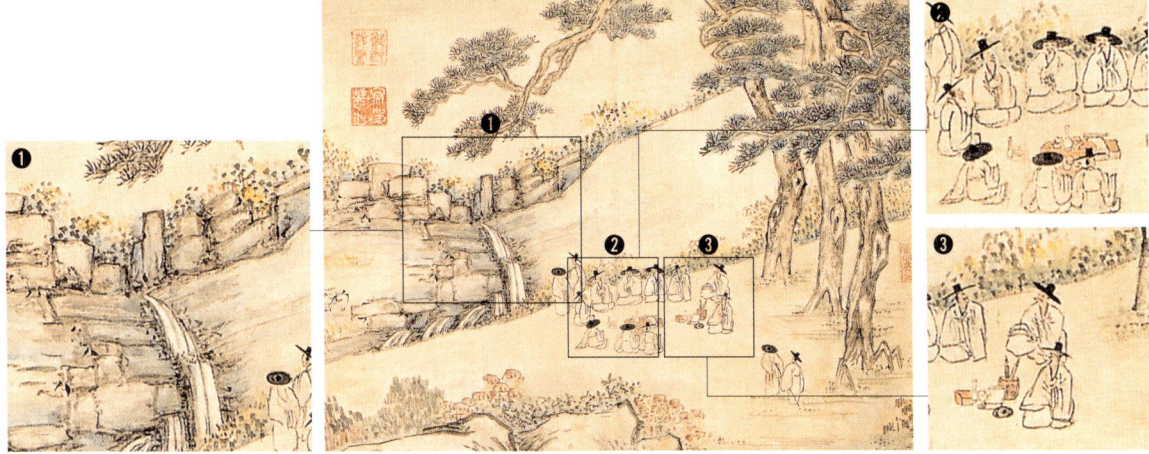

정수영, 「백사동인야유도」. 풍광 속에서의 음식 행위와 그 풍경을 상찬하는 시를 지어 읊는 행위는 계음에서 필수의 활동이다.

    백사 동인들의 시회는 1784년 12월 돈의문 밖 냉정(冷井)의 연암(烟巖) 주변에서 열렸다. 그림의 인물들 뒤편에 있는 커다란 바위가 연암이다. 그 연암을 배경으로 백사 회원 14인이 묘사되어 있다. 늦게 도착한 두 사람이 화면 오른쪽에 배치되어 있고 먼저 온 사람들은 둥글게 모여 앉아 있다. 화면 왼쪽에는 연암 사이로 쏟아져내리는 폭포를 바라보고 있는 선비 둘이 있다. 한 사람은 손을 뒤로 한 채 폭포수를 바라보고 있고 또 한 사람은 옆사람에게 무엇인가 말을 건네고 있다(❶). 폭포수의 아름다움에 대해 말하고 있는 듯하다.

    화면 중앙에는 10명의 백사 회원이 술과 음식이 놓여 있는 주안상(❷)과 지필묵(❸)을 에워싸고 앉아 있다. 담소의 표정이 세밀하게 묘사되어 있는데 인물들의 얼굴 표정으로 보아 술잔이 한 차례 오간 듯하다. 왼팔로 몸을 지탱하고 있는 선비의 오른팔이 구부려져 있다. 그

손이 입가에 가 있는 것으로 보아 술잔을 쥐고 있을 것이다. 주안상과 함께 좌중座中에 있는 지필묵 한 꾸러미가 눈에 띈다. 술이 거나하면 시를 지을 요량이다. 이 모임이 시회詩會이니 풍경을 상찬하는 시 한 수는 여기 모인 사람들에게 필수다.

이 그림에서 보는 바와 같이 문인들의 계회는 뜻 맞는 동료들과 풍광지에서 담소하고 술 마시고 노래하는 풍류의 습속이다. 미술사학자 안휘준에 의하면 계회는 고려와 조선시대에 걸쳐 지배층 문인이나 관아의 벼슬아치들 사이에 열렸던 것으로 봄, 가을의 화창한 날을 받아 산 혹은 강가에서 모이는 것이 상례였으나 경우에 따라서는 집안에서 모이기도 했다고 한다.(안휘준, 『한국 회화의 전통』)

계회의 목적은 입직入直과 송별, 관료의 교분 등을 위한 만남이다. 그 만남은 주로 풍광 속에서 술을 마시면서 시를 짓는 형태를 띠고 있다. 이 모임을 계음이라고 하는 것도 이 때문이다. 또 그 시기는 대개 3월 3일과 9월 9일이다. 좋은 시절이다.

「백사동인야유도」에는 장방형의 유인遊印으로 '천석고황泉石膏肓'이 찍혀 있다. 천석고황은 '산수를 사랑함이 지극하여 불치의 깊은 병과 같다'는 뜻이다. 계음은 풍경 마니아의 모임이기도 하다. 계음의 장으로 풍광지를 선택하고 음식 행위를 필수로 한 것은 산수 풍경의 체험을 사회적 관습 속에 자리매김한 것에 다름아니다.

계음이 시음詩飮과 같은 뜻이라고 한다면 계음의 풍경 체험에서 가장 중요한 것은 시와 술이다. 시는 산수를 감상한 행위를 언어로 남긴 것이다. 퇴계 이황은 상자연賞自然, 즉 자연을 상찬하는 것을 사대부의

윤제홍, 「학산구구옹鶴山九九翁」첩 중
제4면 '흡곡천도도歙谷穿島圖'.
계음은 공식共食과 시음詩吟으로써
풍경을 육화하는 체험이다.

풍류로 여겼다. 그러나 상자연의 노래는 술이 가져다준다.

송나라 시인 소동파(蘇東坡 1036~1101)는 "술은 시를 낚는 낚시라고 부를 것이오, 또한 근심을 쓸어내는 빗자루라 불러야 할 터"라고 했다. 고려시대 이규보(李奎報 1168~1241)도 "술이 없으면 시도 묘미가 없고 시가 없으면 술맛도 시들하다"고 했다.(박영주,『정철 평전』)

남산 뫼 어드메만 고학사高學士 초당 지어
곳 두고 달 두고 바회 두고 물 둔난이
술조차 둔난 양하여 날을 오라 하거니
 —송강 정철의 시조

남산 어딘가에 사는 고학사가 초당을 짓고/꽃과 연못과 바위와 달이 있는 정원을 만들어놓고는/거기에다 술까지 차려놓고 나를 오라 하네. 송강 정철에게 술이란 풍경 설계에 있어서 화룡점정畵龍點睛이다. 정원이란 경물들의 배치만으로 완성되는 것이 아니라 그 풍경의 아름다움을 상찬할 수 있는 술이 곁들여져야 비로소 낙성落成되기 때문이다.

하지만 풍경 체험을 오롯하게 하는 것은 술만이 아니다. 술을 포함해서 풍경지에서의 음식 행위를 통한 미각 체험이 그 풍경에 대한 체험을 인상 깊게 한다. 미학에서도 아름다움을 느끼는 미적 체험은 미각 체험과 근친의 관계라고 말한다.

"미美는 곧 감甘의 뜻이며 이와 동일하게 달다 함〈甘〉은 아름다움

〈美〉을 말한다. 문자의 구성으로 볼 때 미美자는 양羊과 대大의 합자인데 양이 크면〈大〉 살지고 맛이 좋게〈美〉 마련이다."(단옥재찬段玉裁撰, 『설문해자주說文解字注』. 백기수, 『미학서설』에서 재인용)

고전에 따르면 아름답다고 하는 미적 평가는 본질적으로는 미각 체험이다. 그것은 '맛'이라는 미각 용어를 미적 체험의 용어로 전용하고 있는 데서 알 수 있다. 그것을 미학자 백기수는 저서 『미학서설』에서 다음과 같이 부연한다.

"우리는 일상생활에서 '그 그림은 볼수록 맛이 난다'거나 '그 음악은 들을수록 맛이 있다'거나 '다시 한 번 맛보고 싶은 심정'이라는 말을 흔히 하는데 이는 물론 미각상의 미味의 의미를 시각상, 청각상, 관념상의 미적 의미로 전용한 예다."

그런데 미적 평가 언어로 '멋'이라는 말이 있다. 이 역시 '맛'이라는 미각과 관계가 있다. 백기수는 '맛'과 '멋'이 발생적으로 친연親緣하다는 점을 들어 미각이 미적 가치 판단과 관련되어 있음을 주장한다. 그의 설명을 좀더 들어보자.

"미적인 것, 즉 전아典雅, 우려優麗한 것, 숭고 장대한 것, 비극적인 것, 추한 것 등 미학적 의미에서 아름다운 여러 가지 미적 유형을 특질로 하는 대상을 향수享受하거나 평가할 때 흔히 '멋이 있다'거나 '멋을 안다'는 말을 한다. 이 경우 '멋이 있다'는 말은 미적 유형의 긍정적 평가요, '멋을 안다'는 말은 미적 가치의 판단 능력이 있다는 말이다."

미각인 '맛'과 미적 가치인 '멋'이 친연하다는 것은 풍경과 같이 세계의 시각상을 뇌내 현상으로 처리하는 미적 체험이 대상과의 거리두기로 발현되는 것이 아니라 그 대상을 일단 신체 속으로 받아들여 가장 민감한 혀끝으로 상미賞味할 때 발생한다는 것을 말해준다. 예를 들면 눈앞의 풍경을 '멋진 조망', '풍경의 깊은 맛' 등으로 표현할 때가 그러하다.

미각을 동반할 때 풍경 체험의 질이 증폭된다는 것은, 소쇄원의 소정 아래 마련된 작은 물웅덩이에 물고기를 놓아 키우고 때때로 이를 천렵川獵하는 행위나, 못가에 흩어진 순채싹을 맛보는 것을 「소쇄원 48영」에서 노래한 김인후도 양해하고 있다.

그런데 풍경의 미각 체험은 뭐니뭐니해도 제철음식을 맛볼 때 절정에 이른다. 제철음식이란 음식과 계절이 결합된 문화적 양식이다. 시식(時食, 철에 따라 나는 재료로 특별히 만들어 먹는 음식)은 이러한 제철음식이 집단 내에서 관습화된 것이다.

대표적인 시식으로 화전花煎이 있다. 음력 3월에 먹는 진달래꽃으로 만든 화전은 그야말로 봄이라는 계절의 풍경을 미각을 통해 체험하게 한다. 이 화전은 진달래꽃을 깨끗하게 씻은 후 찹쌀가루에 섞어 기름에다 동그랗게 튀겨 만든 떡으로, 3월 3일 전후 꽃놀이에서 부쳐 먹는다. 이규태는 『재미있는 우리의 음식이야기』에서 "먼저 큰 암석이나 고목에 깃든 신령에게 바치고 연중 우환이 없기를 빌고 난 다음 둘러앉아 그 화전을 먹고 놀았던 것이다"라고 화전의 음식 문화를 설명한다.

물론 화전으로 진달래떡만 들 수 있는 것은 아니다. 이규태에 의하면 삼월 삼짇날에 진달래떡, 4월 초파일에는 느티나무 새순으로 만든 느티떡, 5월 단오에는 수리취떡, 삼복에는 장미화전, 그리고 9월 9일 중양에는 국화전을 먹었다고 한다.

제철음식을 먹는 것은 그 계절의 풍경을 신체의 한 부분으로 육화(肉化)하는 행위다. 그런 의미에서 김훈의 음식 행위는 외부의 풍경을 육신으로 치환하는 행위다.

"냄새만으로도 냉이국이라는 것을 알아맞혔다. (중략) 겨울 동안 추위와 노동과 폭음으로 꼬였던 창자가 기지개를 켰다. 몸 속으로 봄의 흙 냄새가 자욱이 퍼지고 혈관을 따라가면서 마음의 응달에도 봄풀이 돋는 것 같았다."(김훈, 『자전거 여행』)

시식이 계절을 전제하고 있다면, 지방의 토속음식은 그 지역의 풍토가 빚어내는 풍경을 함축하고 있다. 따라서 지방의 토속음식을 먹는 것은 그 지방의 바람과 물과 태양과 기름진 흙과 사투리를 온몸으로 느껴 흡수하는 행위다. 토속의 풍경이 음식에 녹아 있다. 소설가 황석영은 어머니가 돌아가시기 며칠 전에 몇 번이고 고향 음식 노티를 꼭 한 점만 먹고 싶다고 했던 것을 떠올리며 이렇게 말한다.

"어머니의 입맛은 고향을 그리는 향수였던 셈이다."(황석영, 『노티를 꼭 한 점만 먹고 싶구나』)

그렇다. 음식에는 고향 산하의 풍경과 추억이 투영되어 있다. 고향 음식을 먹는 것은 그 풍경 속에 있었던 그때의 자기를 미각을 통해 추억하는 행위다.

이쯤에서 미각의 공유가 지닌 사회적 의미를 짚어보자.

독일의 정신병리학자 후베르투스 텔렌바하는 미각은 개인적인 훈련에 의해 발전하기도 하지만, 이 개인적인 훈련 역시 탁월한 사회적인 교양으로 간주되는 미각에 의해 형성되고 훈련되며 또 교육된다고 한다. 따라서 우리들의 미각 판단은 극히 개인적이지만 거기에는 미각의 스펙트럼을 분절해둔 사회의 미적味的 가치가 투영되어 있다. 그 때문에 미각 체험은 타인의 미각과 공유할 수 있다.

"사람들은 함께 식사를 즐기지만 그러나 동시에 식사를 함께 하는 사람들도 즐긴다. 서로가 미각을 공유하지 않으면 식사도 맛있지가 않다. 개인, 그리고 문화의 정신과 미각에 있어서 식사 장면과 식탁의 회화 이상으로 교훈적인 것은 아무것도 없다."(후베르투스 텔렌바하,『맛과 분위기』)

텔렌바하가 말하는 맛의 공유와 공식共食은 세계관의 공유로 확대 해석할 수 있다. 그러므로 그 미각 체험은 개인적인 음식 행위를 넘어 공식자共食者들을 하나로 묶어준다. '한솥밥을 먹은 사이'라는 말은 곧 가치관을 공유하는 관계임을 의미한다.

시식時食이 사회적 관습으로 자리할 수 있는 것은 맛의 스펙트럼을 공유하는 집단의 성립이 전제되기 때문이다. 또 동제洞祭의 제수祭需를 마을 사람들이 함께 나누어 먹는 행위나 제사 후 음복 행위도 마찬가지다. 맛의 추억이 곧잘 고향 산하 풍경을 배경으로 하고 있는 것도 이 때문이다.

이제현이 개성의 팔경으로 웅천에서의 계음 풍경을 든 것은 웅천이라는 장소가 마음 맞는 사람과의 음식 행위로 인해 전에 없이 인상적으로 체험되었기 때문이다. 거기에는 풍경을 체험하는 주체의 감수성을 일순에 증폭하는 음주 행위가 일조하였다. 옛사람의 말을 흉내내면 음주 행위는 풍경을 낚아올리는 낚시이며, 그것이 없는 풍경 체험이란 묘미가 없다.

또 하나 이제현에게 '웅천에서의 계음'이 잊을 수 없는 풍경이었던 것은 생각을 같이 하는 동지와의 공식共食 행위가 있었기 때문이다. 대개 계회는 3월 3일과 9월 9일에 열렸다고 하니 물론 계절음식과 개성 지역의 향토음식도 먹었을 것이다. 맛의 공유를 통해 그곳에 모인 사람들과의 가치관의 공유와 동류의식을 확인한 것이 웅천을 개성에서의 명승지로 꼽게 한 것이다.

물론 이 맛의 추억에는 언제나 그렇듯이 그때의 풍경이 배경으로 자리하고 있다. 그런 의미에서 맛있는 음식을 먹었던 장소는 틀림없이 아름다운 풍경이 될 것이다.

미식가가 잃어버린 맛을 찾아 떠나는 이라면 풍경의 순례자는 잊을 수 없는 풍경을 찾아 떠나는 이다.

어세겸의 폐허 미학
스러져가는 것의 아름다움에 대하여

조선 세조 때의 학자 서거정(徐居正 1420~1488)과 어세겸(魚世謙 1430~1500)이 신라의 수도였던 경주의 아름다운 풍경 열두 장면을 선정하고 상찬한 노래가 『신증동국여지승람』에 실려 있다. 그들이 꼽은 서라벌의 풍광지는 계림, 금오산, 포석정, 문천, 반월성, 첨성대, 분황사, 고찰古刹, 오릉, 남정, 김유신의 묘 등이다. 경주의 볼거리가 빠짐없이 열거된 느낌이다. 그런데 그들이 노래한 경주십이영 가운데 특히 눈에 띄는 것이 하나 있다. 폐허로 남은 분황사의 아름다움을 노래한 「분황폐사芬皇廢寺」가 그것이다. 먼저 어세겸의 노래를 읽어보자.

옛 절에 놀러오니 중이 옛스럽지 않고
신라 천 년 지난 일이 도리어 새롭구나
궁전은 터가 남았는데 야수들이 차지했고
산하는 주인 없이 진인(眞人, 고려 태조 왕건을 말함)에게 귀속되었네
외로운 탑은 이미 앞뒷면이 허물어졌는데
늙은 소나무는 오히려 반쪽 몸이 남아 있구나
천 함의 불경은 법사만 괴롭혔지

백 가지 계책이 어찌 한 요진을 보호하랴

　대개 풍경의 미적 체험을 지탱하고 있는 것은 그것의 형식적 아름다움이다. 황금비, 균제미, 구도 등은 이러한 미적 형식을 설명하는 도구다. 그리스 조각이나 건축, 불상과 탑, 단아한 한옥, 산수화의 미적 완성도의 설득력은 수학적 비례에서 구하는 것이 보통이다. 물론 여기에는 형태적 완전성이 전제된다.
　그러나 어세겸이 주목한 것은 폐허로 변한 분황사였다. 허물어져내려 이미 추해진 분황사의 전탑과 승僧들이 떠난 절간에서 그가 느낀 아름다움이란 어떤 것이었을까.

　어세겸의 폐허 감수성을 추측하기 위해서 마찬가지로 폐허의 아름다움을 자각한 서양의 예술가들에게로 눈을 돌려보자.
　서양의 풍경화가들은 곧잘 그들의 고대도시의 폐허를 화면에 담았다. 바벨탑과 소돔과 고모라의 멸망의 광경을 그린 화가들도 있었지만 그것은 인간의 악덕에 의한 멸망의 이미지를 표현한 것이었다. 본격적으로 고대의 폐허를 아름다운 풍경화 속에 재현시킨 화가는 17세기 이탈리아에서 활약한 클로드 로랭과 살바도르 로자, 그리고 니콜라 푸생이었다.
　클로드 로랭이 1661년에 그린 「이집트로 도피 중 휴식을 취하는 예수 일가가 있는 풍경」은 화면의 대부분을 고대 건축의 폐허와 풍경이 차지하고 있다. 인물의 묘사는 화면 오른쪽 한귀퉁이에 있을 뿐이다.

클로드 로랭, 「이집트로 도피 중 휴식을 취하는 예수 일가가 있는 풍경」. 황량한 자연 풍경과 폐허를 고대 문명을 동경하듯 묘사하고 있다.

로랭이 그리려 한 것은 예수보다는 그가 휴식을 취하고 있는 배경이었다.

고대 유적들이 이상적인 풍경을 연출하는 첨경물로 선택된 것은 미술사가 곰브리치의 말대로 그 폐허들이 과거의 꿈과 같은 정경을 연출할 만한 충분한 가치가 있기 때문이다.

살바도르 로자도 황량한 자연 풍경과 폐허를 고대 문명을 동경하듯이 묘사했다. 니콜라 푸생 역시 고대 건축의 폐허를 제재로 한 풍경화를 그렸다. 이들 화가에게 공통된 것은 고대 건축의 폐허로써 잃어버린 찬란한 과거에의 동경과 회상을 촉매했다는 점이다. 폐허는 더 이상 멸망의 이미지가 아니라 이상적인 낙원을 극적으로 연출하는 소도구가 되었다.

물론 18세기에도 고대 로마의 유적은 여전히 이탈리아 풍경화가들의 모티프였다. 그중 주목해야 할 화가가 피라네지다. 그는 폼페이, 포로 로마노 등을 소상히 돌아보고는 고대 로마의 유적이 산재한 도시들의 풍경을 판화로 제작한다. 그러나 일본의 미학자 타니가와 아츠시〈谷川渥〉가 『죽음의 도시론, 폐허화의 계보』에서 말하듯이 피라네지의 풍경화는 동경이나 애수라는 감정보다는 고대 도시의 단편, 혹은 그 집적 자체에 집착한다. 돌이라는 질료성에의 탐닉이라고 해도 좋다.

폐허에 주목한 화가들에게 고대 도시의 폐허는 평화스럽고 조용한 분위기, 회고적인 시정詩情을 불러일으키는 것, 자연의 숭고한 아름다움을 일깨우는 것으로 여겨졌다. '옛 절에 놀러오니 중이 옛스럽지 않고/신라 천 년 지난 일이 도리어 새롭구나'라고 노래하는 어세겸의 시선 역시 폐사지 분황사의 허물어진 탑에서 천 년의 세월을 일거에 소급하고 있다.

아무튼 폐허를 제재로 한 이들 풍경화는 영국 귀족계급에 의해 실경에 투영된다. 클로드 로랭 등이 이탈리아의 풍경을 그린 풍경화가 영국 귀족들 사이에서 유행하기 시작하고, 이탈리아의 풍경을 직접 보려는 여행 또한 유행하게 되었으며, 이탈리아의 풍경을 찬미하는 글이 문인들에 의해 발표되면서 마침내 이탈리아의 전원 풍경이 정원이라는 실재의 공간에 재현되게 된 것이다. 이는 서양 조경사에서 혁명적인 사건이라고 할 수 있는 영국의 풍경식 정원의 탄생이다. 물론 이때 풍경화 속에 있는 폐허도 함께 도입되었다.

1702년 존 밴브로는 옥스퍼드셔에 블렌하임 궁전을 지을 때 중세에 지어진 건축물 우드스톡을 보존할 것을 제안했다. 블렌하임에서 보는 조망이 단조로우므로 주목나무와 인동넝쿨로 폐허화한 벽을 가리면 건물이 황량한 수풀 가운데에 서 있는 듯이 보일 것이며 그것은 마치 풍경에 악센트를 주는 오브제와 같이 될 것이라고 하였다. 이것이 기록으로 남아 있는 최초의 폐허 건축 보존론이다.

정원에 도입되는 폐허는 처음에는 로마의 유적을 그대로 옮겨놓은 것이었지만 1743년 샌더슨 밀러가 벽이 허물어져내린 폐허의 성을 정원에 건설하면서 허구의 폐허가 정원 건축으로 신축되기 시작했다. 폐허는 반드시 세월의 풍우를 견딘 석조 건조물의 잔해여야 하는 것은 아니었다. 미적 대상으로서 폐허는 화폭에 그려진 것이든 일부러 만든 것이든 상관없었다.

영국에서 가장 주목할 만한 19세기 폐허 건축물은 버지니아 워터에 있는 아우구스투스 사원이라고 한다. 이 사원은 북아프리카의 로마시대 유적으로 폐허를 조성했다. 약 40개의 대리석과 화강암의 원주와 단편들을 아무렇게나 늘어놓는 것으로 폐허의 분위기를 자아내고 있다.

그러나 폐허 건축의 걸작은 1835년 에드워드 허시가 건설한 스코트니 성이다. 이것은 역사적 건축물을 고의로 훼손하여 보다 극적인 풍경을 연출한 것으로, 14세기 고성古城의 부속건물 벽을 일부만 허물었다.(모리 토시오〈森利夫〉,「픽춰레스크로서 폐허」,『폐허대전』)

이러한 폐허 건축의 의미는 명백하다. 먼저 고대의 찬란한 문명에 대한 동경을 들 수 있다. 이른바 상고尙古 취미다. 또 하나는 정원 풍경의 악센트로서의 기능이다. 클로드 로랭의 풍경화에서 이상적인 풍경의 연출 의도로 사용된 고대 유적의 장치적 의미를 그대로 답습한

스코트니 성(왼쪽)과 아우구스투스 사원. 폐허는 영국의 귀족들에 의해 그들의 정원에 재현되었다.

것이라 할 수 있다.

분황사의 폐허를 보는 어세겸과 영국 예술가들의 태도에서 폐허에 대한 미적 감수성은 문화와 문명의 차이를 넘는 인류 공통적인 미의식이라는 점을 확인할 수 있다. 그러나 폐허가 된 분황사 전탑의 아름다움을 노래한 어세겸과 정원에 적극적으로 폐허의 풍경을 건설하려고 한 영국 정원 건설자의 폐허에 대한 감수성이 반드시 동일한 것은 아니다.

'외로운 탑은 이미 앞뒷면이 허물어졌는데/늙은 소나무는 오히려 반쪽 몸이 남아 있구나.' 어세겸은 탑과 소나무를 병치하고 무생물인 탑이 허물어진 것과 생명체인 소나무가 노쇠한 것을 동일한 시선으로 바라보고 있다. 스러져가는 것의 덧없음이라고 할까. 그런 애린哀憐이 서려 있다. 폐허의 미학을 좀더 살펴보자.

"폐허가 미적 대상이 되기 위해서는 고도로 성숙된 시간 의식이 필요하다."

일본의 미학자 타니가와 아쯔시는 저서 『형상과 시간』에서 이렇게 말했다.

그렇다. 폐허가 성원의 볼거리로 있든 폐사廢寺의 운치를 연출하는 중요한 소도구로 현시現示되든 역시 그것은 시간이라는 비가역적 관수에 의해 성립한다. 다시 말해서 지나온 과거의 문명과 그것을 대면하는 현재의 자기 자신과의 시간적 거리 의식이 이미 건조물 본래의 기능을 상실한 돌더미를 폐허라는 미적 대상으로 치환한다.

'오늘은 어제 죽은 자에게는 내일이었다'는 말은 현재의 시간을 상대화한다. 그리고 내일이라는 미래의 시간을 선점한다. 이와 같이 시간을 상대화하고 현재를 과거와 미래와 함께 중층화하는 의식에서 폐허의 미적 감수성이 발현된다.

그리하여 타니가와 아쯔시는 폐허를 다음과 같이 정의한다.

"시간에 의한 구조적 파괴가 건조물에 미칠 때 우리는 그것을 '폐허'라고 부른다."

그는 폐허가 성립하기 위한 조건을 다음과 같이 부연한다.

"구조적 파괴가 철저하게 진행되면 건조물은 흔적도 없이 사라지므로 폐허가 존재하기 위해서는 건조물의 소재가 돌과 같이 어느 정도 파괴에 견딜 수 있는 물질일 필요가 있다."

따라서 목조 건축은 폐허가 되기 힘들다. 그것은 폐허라기보다는 폐가라고 해야 할 것이다. 그러나 분황사의 허물어진 전탑을 노래한 「분황폐사」는 폐허의 미적 체험을 환기한다.

한편 게오르그 짐멜은 저서 『문화의 철학』에서 폐허를 인간의 의지와 자연의 필연성과의 대립의 결과라고 했다.

"정신의 의지와 자연의 필연성과의 사이에서 일어나는 투쟁에 화평이 성립하여 위쪽을 지향하는 혼과 아래쪽으로 끌어당기는 중력이 결산되어 엄밀한 방정식이 성립하게 되는 것은 단지 하나의 예술, 즉 건축에서다."(타니가와 아쯔시, 앞의 책에서 재인용)

다시 말해서 중력이라는 자연의 법칙을 거부하고 지상에 세워지는 건축은 자연에 대한 인간의 숭고한 승리인 것이다. 따라서 건축이 직립성을 와해하고 중력이 지배하는 지상으로 붕괴되는 것은 자연이 인간의 정신을 지배하기 시작한 것이며, 이것은 인간과 자연과의 긴장관계가 허물어지는 것을 의미한다. 이런 속성 때문에 폐허는 자연이 된다.

짐멜과 마찬가지로 일본의 미학자 오오니시 요시노리〈大西克禮〉도 폐허가 자연미라고 말하고 있다. 그는 『미학』에서 자연을 대규모로 강한 힘으로 압박하고 극복하여 건축한 성곽이나 궁전, 누각 등이 마침내 '폐허'로 변한 것은 그 건조물이 원래의 대자연 속에 환원된 상태로 볼 수 있다면서 폐허는 인간 생활의 소산인 건축물이 자연 그 자체와 융합한 것이라고 했다.(타니가와 아쯔시, 앞의 책에서 재인용)

다시 말해서 거대한 대자연의 운행 속에 있는 모든 것은 자연이다. 자연의 모든 것이 그러하듯이 건축이 직립을 포기하고 대지의 수평성에 스스로 몸을 낮추며 몸체의 일부를 비와 바람에 황폐화되도록 내버려두면서 형성된 폐허는, 풍화와 침식과 붕괴로 형성된 산과 언덕과 계

모뉴먼트 밸리(미국 인디애나 주)와 같은 대자연 역시 폐허미와 통한다.

곡과 마찬가지로 자연이다. 짐멜이 말하듯이 폐허의 매력은 인간의 손으로 만든 작품이 결국에는 자연의 산물인 듯이 느껴지는 점에 있다.

그랜드 캐년이나 모뉴먼트 밸리와 같은 대자연의 아름다움을 발견하고 이를 영원히 보호해야 할 유산으로 여겨 국립공원으로 지정한 사람이나, 우리나라의 풍경을 대표하는 곳으로 해안의 해식애海蝕崖를 꼽은 최남선, 그리고 금강산의 기이한 암봉의 아름다움을 상찬한 문인들과 폐허가 된 분황사의 풍경을 노래한 어세겸, 이들 모두의 미적 시선은 동일하다. 자연의 아름다움에 완전히 매료되어 있는 것이다.

그런데 폐허가 아름답게 보이는 것에는 보다 더 절실한 이유가 있다. 다시 짐멜의 말을 들어보자.

"기후, 식물의 번성, 더위, 추위 등의 영향이 그 영향하에 있는 건조물을 같은 조건 아래 있는 토지의 색조에 근사近似한 것으로 만든다. 다시 말해서 이것들의 영향으로 예전에 대립적으로 자기 현시하고 있던 건조물을 귀속이라는 평안한 통일성으로 침잠하게 하는 것이다."
(타니가와 아쯔시, 앞의 책에서 재인용)

이 말은 인간이 다시금 자연의 지배 아래 복속된다는 것에 대한 자괴감은 아닐 것이다. 대지에 등을 돌리고 해를 향하는 식물적 본능으로 하늘을 향해 마구 뻗쳐나가던 나뭇가지와 이파리들이 여름 햇살의 기운이 떨어질 무렵 마침내 진력한 듯 서서히 땅으로 추락하고 이윽고 대지의 토양으로 환원한다. 이처럼 살아 있는 모든 것은 태어난 곳으로 되돌아간다는 자연의 섭리를 폐허에 투영할 때 자연에의 귀속감과 평안함이 마음 한구석에 자리하게 된다.

영원의 시간 속에 존재하는 대자연 앞에서 일순의 삶을 살고 마침내 스러져가는 인간은 왜소하다. 대지의 티끌로 환원하는 과정을 체현하는 폐허를 바라보면서 우리는 모든 것은 생멸生滅하는 것이라는 안도감을 갖게 됨과 동시에 대자연에 동화되어 가는 자신을 발견한다. 폐허를 미적 대상으로 바라보는 데는 생명의 유한성과 자연에 대한 상대적 왜소감, 그리고 그 폐허를 통해 거대한 자연과 자기를 동일시하는 자기 숭고의 자부심이 중복되어 있다. 허물어진 분황사를 바라보는 어세겸의 심정도 이렇지 않았을까.

우리가 오래된 것에서 아름다움을 느끼는 것은 산과 강과 바다와 계곡과 나무와 바위와 동물과 식물과 그리고 사람, 즉 이 세상에 있는 모

낙동강 하구 풍경.
석양이 아름답다고 느끼는 것은 여명을
걷어내고 대낮을 뜨겁게 태우다가 마침내
목숨이 다하여 저 너머로 사라지는
생자필멸의 자연의 섭리를 자신과
겹쳐보기 때문일 것이다.

든 것이 세월이 지나면 낡고 해지고 소멸한다는 사실을 직시하고 스스로 거대한 자연의 일부가 되었다는 기쁨 때문이 아닐까. 그러므로 세월에 스러져 이윽고 자연으로 환원되는 모든 것은 아름다울 수 있다.

석양이 아름답다고 느끼는 것은 그것의 색조와 절묘한 구도에도 원인이 있겠지만, 여명을 걷어내고 대낮을 뜨겁게 태우다가 마침내 목숨이 다하여 저 너머로 사라지는 생자필멸生者必滅의 자연의 섭리를 자신과 겹쳐보기 때문일 것이다. 그래서 차가운 강철조차 붉게 녹을 피우고 있을 때에는 아름답다. 고산의 묵은 등걸이 아름다운 것도 이 때문이다.

허물어진 성벽, 궁터의 주춧돌, 폐광, 풍화하는 가을의 평원, 사람 없는 겨울 바다, 삭풍을 안고 있는 겨울 나무, 아스팔트 틈의 잡초, 물때 앉은 콘크리트 바닥, 이끼 낀 블록 담과 골목길, 산 능선을 차지한 색바랜 고층아파트, 세월을 안고 스러져가는 이 모든 것들이 아름답다.

그런데 폐허의 감수성은 폐허에서 거리를 두고 그것을 음미할 때 온전히 느낄 수 있다. 폐허의 추억은 그래서 언제나 아름답다. 그런 의미에서 폐허는 철저하게 풍경이다.

퇴계에게 배우는 풍경 체험 방법 열 가지
온전한 풍경 체험을 위하여

퇴계가 단양군수로 부임한 것이 그의 나이 48세 때였다. 그 다음해 그는 풍기군수로 전근한다. 그리고 그 해 4월, 드디어 소백산 탐승에 나선다. 퇴계는 당시 상황을 「유소백산록遊小白山錄」에 이렇게 적어놓고 있다.

"내가 젊어서부터 영주, 풍기 사이를 오가며 소백산은 머리를 들면 바라볼 수 있었고 갈 수 있었으나 섭섭하게도 오직 꿈에 생각하고 마음으로만 달린 것이 이제 40년이 되었다. 지난해 겨울에 인부〈符〉를 잡고 풍기에 와서 백운동 서원의 주인이 되었으니 속으로 은근히 기쁘고 다행하여 오랜 소원을 풀 수 있으리라고 생각하였으나, 백운동에 오고도 겨울, 봄 이래로 일이 있어서 산 어귀도 엿보지 못하고 돌아간 것이 세 차례나 되었다."

퇴계가 서울을 떠나 지방의 부임지로 단양을 삼은 것은 그곳의 산수에 매료되었기 때문이다. 그는 벼슬에서 물러난 후 고향에 양진암을 짓고 그 앞을 흐르는 토계兎溪를 퇴계退溪라고 개명하여 이를 스스로의 호로 삼았다. 도산서원의 위치를 강과 들이 내다보이는 곳으로 정하기 위해 세 번이나 바꾸고 난 후 뜰에 방지方池 정우당淨友塘과 매화와 대, 소나무, 국화를 심고 절우사節友社라고 부른 것도 그였다. 한마디로 산수의 아름다움을 좇는 고질병인 천석고황의 경지다. 이것만 보더라도 퇴계는 주자학을 완성한 위대한 학자일 뿐 아니라 풍경을 보는 눈 역시 예사롭지 않았음을 짐작하고도 남음이 있다.

그 예사롭지 않은 눈으로 소백산을 탐승하고 기록한 것이 「유소백산록」이다. 이 글에는 나흘간의 소백산 풍경 체험이 소상하게 기록되어 있는데, 특히 소백산이라는 자연 풍경을 보다 효과적으로 체험하기 위해 사용한 실로 다양한 방법들이 눈에 띈다. 예를 들면 탐승 경로를 병약한 자신의 몸에 맞추어 짠다거나 탈것을 이용한다거나 풍경에 명명한다거나 하는 행동이 그것인데, 퇴계가 사용한 이러한 수법들은 소백산이라는 자연 풍경을 온전히 감상하기에 더할 나위 없이 적절한 것이었다. 퇴계가 소백산 탐승에서 사용한 풍경 체험의 수법은 소백산 풍경뿐 아니라 모든 풍경을 오롯이 체험하기 위한 요령으로 삼을 만하다. 이를 열 가지로 정리해본다.

1. 건강과 볼거리에 맞추어 탐승 경로를 정하라

퇴계 이황은 3박 4일간의 소백산 체재 기간 동안 다양한 탐승 경로를 택하였다. 이 경로는 퇴계가 자의적으로 선택한 것이라기보다는 출발 지점인 백운동 서원과 예정된 숙박지, 그리고 목적지의 공간적인 거리 관계를 고려하여 미리 결정된 것으로 보이지만, 반드시 그렇지만도 않은 것 같다. 둘째 날 국망봉에서 중백운암으로 돌아온 퇴계는 이렇게 말한다.

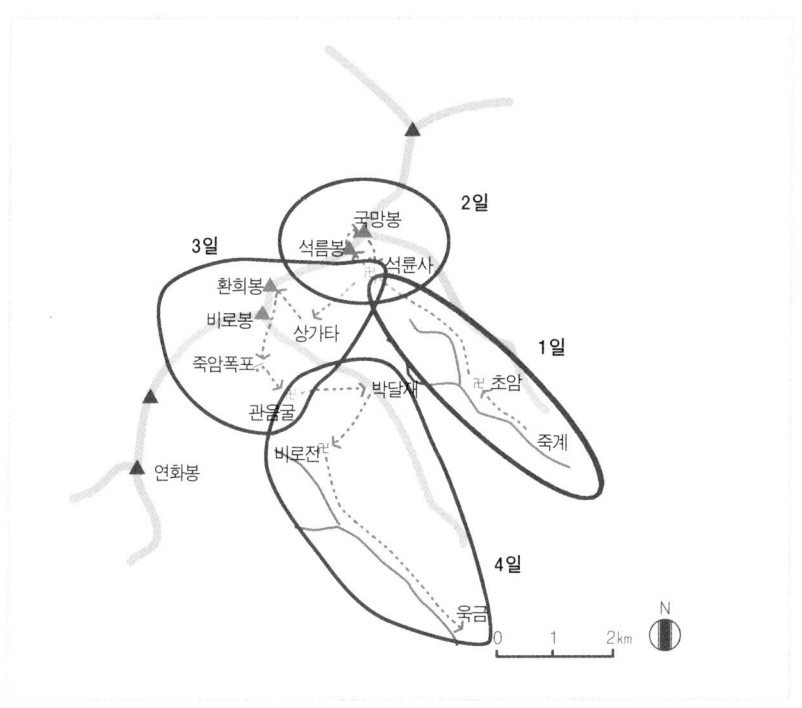

퇴계의 소백산 탐승 경로

"처음에 제월대에 오르지 않은 것은 힘이 먼저 빠질까 두려워함이 었는데, 지금 산을 구경하고도 다행히 남은 힘이 있으니 어찌 가보지 않겠는가."

'처음에 제월대에 오르지 않은 것'이라는 말에서 유추할 수 있듯이 처음 예정한 탐승 경로는 제월대를 거쳐 국망봉에 오르는 것이었다. 그러나 예정된 탐승 경로를 바꾸어 먼저 국망봉으로 향한 것은 '힘이 먼저 빠질까 두려워'서였다. 물론 국망봉에서 중백운암으로 돌아왔을 때 아직 여력이 있다고 판단되자 다시 제월대로 향했다. 탐승 경로를 자신의 신체 상태를 감안하여 선정하고 조정한 것이다.

"큰 박달재를 넘으니 곧 상원봉 한 줄기가 남쪽으로 달리는데 허리와 등이 조금 나지막한 곳이었다. 거기서 상원사까지가 겨우 몇 리밖에 안 되지만 오를 힘이 없어서 그만두었다."

마지막 날 박달재를 넘어 상원사로 가지 않고 바로 비로전으로 노선을 변경한 것 역시 신체 상태에 따라 탐승 경로를 변경한 것이다.

이를 통해 공간 내에 등가적으로 포치布置하고 있는 경물과 그곳에서의 조망 체험을 극대화하기 위해 자신의 신체 상태에 적절한 탐승 경로를 선정하는 것이 효과적인 풍경 체험의 수법이라는 것을 알 수 있다.

또 퇴계는 둘러봐야 할 풍경의 공간적인 분포에 맞추어 탐승 경로를 구성하고 있는데, 소백산의 경치를 감상할 수 있는 장소로 중동과 동동, 서동 등 세 골짜기를 들었다. 그는 3박 4일 동안 초암과 석륜이 있는 중동과 상가타 등의 암자가 있는 서동을 찾았다.

"산놀이꾼들이 초암, 석륜을 거쳐 국망봉에 오르는 것은 길이 편한 것을 취함이나 조금 뒤에 피곤하고 흥이 식어지면 그만 돌아오고 만다"는 말로써 당시의 소백산 탐승 경로가 중동에 국한되어 있었음을 알 수 있다. 그러나 퇴계는 "쇠약하고 병든 나로서는 한 번 가서 온 산의 경치를 다 보기가 참으로 어려운 일이므로 동쪽은 남겨두어 나음 날에 유람하기로 하고 오직 (중동과) 서동만 찾았다"고 하였다. 그의 탐승 경로가 소백산 경관을 온전히 체험하기 위해 그 자신이 의도적으로 선정한 것임을 나타내고 있는 것이다. 경물의 공간 포치에 조응하는 퇴계의 탐승 경로는 기존 산놀이꾼들의 그것과 차별되는 것이었으며 따라서 경관 체험도 퇴계만의 특별한 것이었다.

몸의 피로도와 경물의 포치를 감안하여 탐승 경로를 선정한 퇴계는 산놀이를 떠나려는 우리에게 이렇게 말하고 있다.

"건강과 볼거리에 맞추어 탐승 경로를 정하라."

2. 풍경을 흥미롭게 하는 다양한 이동 수단을 이용하라

"잠시 후 가마가 갖추어졌다고 고하였다. 모양이 간단하고 편리하였다. 드디어 서경과 작별하고 말을 타고 갔다. (중략) 태봉 서쪽에 이르러 한 시냇물을 건너 비로소 말에서 내려 걷다가 부들부들 떨리면 가마를 탔다."

퇴계는 소백산을 탐승하면서 다양한 이동 수단 – 직접 걷기, 가마, 말 등 – 을 이용했다. 물론 처음에는 걸어서 가려고 했다. 그러나 '파리하고 병든' 퇴계의 몸을 걱정한 중들이 탈것을 준비하였다. 아마 산놀이에서 탈것을 이용한 일은 처음인 듯하다. 퇴계는 말과 가마와 자신의 다리를 번갈아 사용한 것이 걷기만으로는 맛보지 못하는 경관까지도 체험할 수 있도록 도와주었음을 고백하면서 이 수단들을 명승지를 유람하는 좋은 기구로 평가했다.

걷기와 가마와 말은 제각각 이동 속도와 시점의 높이가 다르다. 거기에 따라 체험되는 풍경의 질 역시 차이가 있다. 다양한 탈것을 "실로 산놀이 하는 묘한 방법이요, 명승지를 유람하는 좋은 기구였다"고 평가하는 퇴계는 우리에게 이렇게 조언한다.

"풍경을 흥미롭게 하는 다양한 이동 수단을 이용하라."

3. 좋은 풍경을 체험할 수 있는 조망점과 시기를 선정하라

퇴계는 소백산 탐승을 통해 인상적으로 경관을 체험한 장소와 그곳에서의 조망 행위를 기술하고 있다.

"암자 서쪽에는 바위가 우뚝 서 있는데, 그 밑에는 맑고 급한 물결이 빙 돌아서 웅덩이가 되고, 위는 편편하여 앉을 만하였다. 거기 앉아서 남쪽으로 산 어귀를 바라보고 구부려 물소리를 들으니 참으로 더없는 경치였다."(초암 아래 물가의 너럭바위)

"이것이 국망봉이다. 만일 청명한 날씨를 만나면 용문산으로부터 서울까지 바라볼 수 있는데, 이날은 산의 아지랑이와 바다의 구름이 부옇게 끼어서 흐릿하고 아득하니 용문산도 바라볼 수 없었다."(국망봉)

"지팡이를 짚고 돌길을 더위 잡아 환희봉에 오르니 그 서쪽 여러 봉우리가 숲구렁이 더욱 아름다운데 모두 어제는 보지 못한 것이었다."(환희봉 등 산 정상부)

이처럼 퇴계는 산행에서 특히 인상적인 조망을 할 수 있는 장소를 선정하고 그곳에서의 조망을 즐기고 있다.

대개 풍경의 조망점은 산마루와 같이 전체를 알 수 있는 지점, 고개, 다리와 같이 이쪽에서 저쪽으로 옮겨가는 '사이'의 지점 등이다. 이러한 지점은 바둑용어로 말하면 풍경의 맥점이다.

퇴계는 국망봉에서의 조망이 더없이 깊어 인상적이었던지 그곳에서 보이는 먼 산과 고장의 이름을 나열하고 있다. 그러나 이러한 조망 체험이 가능했던 것은 "종수宗粹가 말하기를 '이 산에 올라 조망하기에는 가을날 서리 온 뒤가 좋고, 혹은 오랜 비가 새롭게 갠 날이 좋은데

주군수도 비에 닷새 동안 막혀 있다가 개자 곧 올라갔기 때문에 멀리 볼 수 있었습니다.'"에서 알 수 있듯이 시기가 적절했기 때문이다. 자연 풍광지를 체험할 때는 그곳의 풍경이 최고조에 달했을 때 탐승해야 최고의 경관 체험을 얻을 수 있음을 재삼 확인하고 있다.

국망봉에서의 풍경 체험을 감격스럽게 기술하고 있는 퇴계는, 최고의 풍경을 체험하려면 풍경 체험의 맥점이 되는 조망점과 그 풍경이 최고의 모습을 드러내는 시기를 선정해야 한다고 말하고 있는 셈이다.

4. 다양한 자세로 풍경을 감상하라

신체의 자세를 눈앞에 있는 경물의 상황에 호응하여 적절하게 취함으로써 경관 체험을 증폭하기도 한다. 예를 들면, "(몸을) 구부려 물소리를 들으니 참으로 더없는 경치였다"의 '몸을 구부리다'가 그것이다. 기대다, 엎드리다, 드러눕다, 팔을 괴다, 앉다 등 다양한 신체 자세는 그에 따라 색다른 풍경 체험을 하게 한다. 김인후도 소쇄원 풍경을 다양한 신체 자세로 체험하고 이를 「소쇄원 48영」에서 노래하고 있다. 퇴계 역시 풍경을 느끼기에 적절한 신체 자세를 우리에게 권하고 있다.

5. 시선과 시각 크기 조절을 풍경에 맞춰라

경관 대상의 크기와 위치, 너비에 따라 시선의 방향과 시각의 크기를 신축하여 시각상을 획득하라는 것이다. 퇴계는 계곡에서는 산 어귀로, 산마루에서는 사방으로 시선을 두고, 또 그곳이 다 보이도록 시각과 시선을 조절하였다. 심지어 "바라볼 만한 물은 적어서 죽계의 하류는 구대의 내〈龜臺之川〉가 되고"라는 기술과 같이 시선을 아래로 두어 바라보기도 했다.

즉 퇴계는 풍경을 제대로 체험하려거든 풍경의 크기와 위치에 따라 시선의 방향과 시각 크기를 조절하라고 말하고 있다.

6. 인상적인 풍경에 이름을 붙여줘라

퇴계는 탐승 3일째 환희봉에 올라 석성石城의 터를 적성赤城으로, 산대바위를 자하대紫霞臺로 고치고, 그 대의 북쪽에 있는 두 봉우리를 백학과 백련으로 명명하였다. 그리고 중가타 아래 있는 이층폭포를 죽암폭포竹岩瀑布라 하고, 산에서 내려오는 날 비로전의 빈터에서 앉아 쉬던 바위를 비류암飛流岩이라 명명하였다.

소백산 국망봉의 설경.
(사진 월간 『산』 제공)

만화경과 같은 시각상을 의미의 단위로 분절하는 것은 언어에 의한 명명이다. 퇴계는 무명의 경물에 의미를 부여하는 명명 행위를 통해 그렇게 하지 않은 시각상과 차이를 두고 있다. 명명된 시각상은 다른 무명의 경물을 배경으로 뚜렷하게 의식되고 명명 이전과는 다른 의미로 보이게 된다. 따라서 명명은 대상의 물리적 조작을 거치지 않고도 이루어지는 창조 행위다.

퇴계가 했듯이 인상적인 풍경에 이름을 불러주자. 자기 아이의 이름을 지어주듯이 풍경에 이름을 붙여주면, 그 풍경이 마치 자신의 육신인 양 여겨질 것이다.

7. 풍경을 상찬하라

시를 쓰는 행위는 풍경의 감상 행위를 언어로 기술하는 것이다. 퇴계는 소백산에서 세 차례에 걸쳐 시를 짓는다. 첫번째 시는 "시 한 편 지어 본 바를 기록하고 이날은 석륜사에서 잤다"는 기록과 같이 산행에서 본 바를 기록한 것으로 보인다. 두 번째는 "봉우리(국망봉)에서 술을 석 잔 마시고 시 일곱 장을 쓰니"라는 기술로 보아 국망산에서의 조망의 감격을 노래한 것으로 보인다. 마지막 시는 나흘째 되는 날 산에서 내려오면서 산 밑 반석에서 쓴 것이다.

시 내용을 확인할 수 없어서 구체적으로 어떤 풍경을 감상했는지는 알 수 없지만, 특히 국망봉에서 일곱 장의 시를 쓴 것으로 보아 그곳에서의 감격적인 조망 체험이 시작詩作에 반영된 것은 틀림없는 듯하다. 감상이 곧 창조라는 말과 같이 소백산 경관의 아름다움을 언어를 통해 창조하고 있는 것이다. 기행문을 쓰는 것도 퇴계의 이와 같은 태도에 버금가는 감상 행위다.

8. 맛있는 먹거리를 맛보라

풍경 체험은 주로 시각을 통해 일어난다. 그런데 음식 행위를 통한 미각은 그곳에서의 경관 체험을 더욱 인상깊게 해준다. 특히 술을 마시는 경우가 그러하다. 송나라의 소동파도 "술은 시를 낚는 낚시"라고 했다. 시가 풍경의 아름다움을 감상하고 창조하는 것이라면 술은 그 창조 행위를 부추기는 역할을 한다. 퇴계는 국망봉에서 일곱 장의 시를 쓸 때 '봉우리에서 술 석 잔'을 마셨다. 술을 마시는 행위가 시를 일곱 장이나 쓰게 한 것이다.

소백산 석청폭포.
(사진 월간 『산』 제공)

술만이 풍경 체험을 북돋우는 것은 아니다. 물 한 모금, 들열매 한 알도 좋다. 모든 음식 행위가 그곳에서의 풍경 체험을 인상깊게 한다. 물론 그 음식이 그곳의 풍광과 절묘하게 어울리는 것이라면 더할 나위가 없다.

9. 그곳의 풍경에 대해 미리 공부하고 가라

퇴계는 먼저 주경유周經遊의 소백산 체험 기록을 환기하고는 때로는 그것에 동의하고 때로는 반박하면서 소백산을 탐승하고 있다. 예를 들면 "주경유가 백운대라고 이름을 지었는데, 나는 말하기를 '이미 백운동과 백운암이 있으니 그 이름이 혼동되지 않는가. 백白을 고치어 청靑이라 하는 것만 못하다'고 하였다"라는 기록과 같이 소백산이라는 장소의 아름다움에 대해 먼저 탐승한 사람의 체험기를 참조하면서 자신의 심미적 태도를 결정하고 있다.

다시 말해서 탐방록은 그것을 쓴 본인의 미적 체험과 창조 행위의 소산이지만, 그것을 타인이 읽고 그 감상에 동의하게 될 때에는 미적 가치관으로서의 역할을 하게 된다. 퇴계는 이렇게 진술한다.

"내가 처음 경유(주경유)의 「유산록」을 백운동 서원의 유사인 김중문에게서 얻었는데 석륜사에 와보니 이 유산록을 판자에 써서 벽에 걸어놓았다. 내가 그 시와 글의 웅장하고 기발함을 칭찬하여 가는 곳마다 펴서 읊었다. (중략) 기록이 있는 것이 산놀이 하는 데 얼마나 유익한가를 믿을 수 있었다."

선행 탐승자로부터 그 장소의 아름다움을 교시 받는 것이 풍경 체험에 있어서 유익함을 말하고 있는 퇴계는 산놀이를 하는 우리에게 탐승할 곳의 아름다움을 먼저 알고 가라고 조언한다.

10. 풍경을 나누어 맛보라

탐승에서 경관의 아름다움을 공유하고 또 환기하게 해주는 동행자는 풍족한 경관 체험을 가능하게 한다. 퇴계는 첫날 죽계에서 진사 민서경과 아들 응기와 함께 산을 오르지만 백운암에서 민서경은 귀가하고 종수와 여러 중이 합류하여 이들과 산행을 함께 한다.

"산 밑에 반석이 편편하고 맑은 샘이 그 위로 졸졸 흐르고 양편에는 목련화가 만개하였다. 그 옆에 지팡이를 세워놓고 흐르는 물 곁에서 양치질도 하고 장난도 하여 마음이 매우 유쾌하였다. 종수가 '시내가 흐름은 아마도 웃음일 것이다. 옥을 허리에 찬 손님이 홍진紅塵의 자취를 씻으려 해도 씻지 못하는 것을'이란 글귀를 읊으며 '이것이 어떤 사람의 말입니까' 하였다. 서로 쳐다보고 한 번 웃으며 시 한 수를 쓰고 일어섰다."

여기에서 종수가 퇴계의 소백산 체험을 한층 더 깊게 해주는 역할을 하고 있음을 알 수 있다. 퇴계는 마지막으로 우리에게 이렇게 말한다.

"풍경 체험을 나눌 수 있는 마음 맞는 사람과 함께 떠나라."

퇴계가 우리에게 제시하는 풍경 체험의 방법 열 가지는 국립공원이나 자연 풍경에만 적용되는 것이 아니다. 도시 경관이나 정원 등을 둘러볼 때에도 이 방법을 염두에 둔다면 아무리 평범한 풍경이라 할지라도 온전하게 체험할 수 있다. 여태까지 가슴에 담아두고 있는 잊지 못할 풍경이 있다면 아마 이 열 가지 중 하나 이상의 방법으로 획득한 것일 터이다. 만약 아직까지 그런 풍경을 갖고 있지 못하다면 이제부터 퇴계가 사용한 이 열 가지 방법을 이용하여 풍경 체험을 해보기를 권한다.

또 퇴계가 권하는 이 방법은 자연 환경에 거의 손대지 않고도 그 풍경을 한층 더 인상깊게 체험하게 해주는 이른바 친환경적인 경관 설계 수법이라는 점도 부언해둔다.

겸재에게 배우는 풍경 조망술
진경산수화 속의 사람들은 어디를 보고 있을까

"군자가 산수를 사랑하는 까닭은 그 뜻이 어디에 있는가. 전원에 거처하면서 자신의 천품을 수양하는 것은 누구나 하고자 하는 바요, 천석泉石이 좋은 곳에서 노래하며 자유로이 거니는 것은 누구나 즐기고 싶은 바다."

중국 북송시대의 곽희(郭熙 ?~1090)는 중국의 3대 화론서畵論書 중 하나로 꼽는 『임천고치林泉高致』의 「산수훈山水訓」을 이렇게 시작한다. 산수화에 대한 이론과 실제를 훈시하는 형태로 기술되어 있는 「산수훈」은 『임천고치』의 핵심을 이루는 부분이다.

이 책은 중국은 물론 한국과 일본의 산수화 기법에 지대한 영향을 미쳤다. 미술사가 최완수가 "진경산수화라는 우리 고유 회화 양식을 창안하여 우리 국토의 아름다움을 그림으로 표현해내는 데 성공한 역사상 위대한 화가"라고 절찬한 겸재 정선(鄭歚 1676~1759)도 이 『임천고치』를 외울 정도로 탐독했다고 한다. 이조판서 이원명(李源命 1807~1887)도 정선이 『임천고치』를 탐독한 사실을 증언하고 있다.

"일찍이 말하기를 산수를 그리는 데 법도가 있으니, 넓게 펴서 큰 그림으로 하되 남음이 없어야 하고 축소하여 소경小景으로 하여도 빠지지 않아야 한다. 산수를 보는 데도 역시 법도가 있으니 임천林泉의 마음으로 그것에 임하면 가치가 높고, 오만한 눈으로 그것에 임하면 가치가 떨어진다 하고, 또 이르기를 봄 산은 고와서 웃는 듯하고, 여름 산은 짓푸르러서 뚝뚝 흘러 떨어질 듯하며, 가을 산은 맑고 깨끗해서 화장한 듯하고 겨울 산은 어두침침하여 자는 듯하다. 모두 화가의 묘결妙訣인데 송나라 곽희의 『임천고치』에서 많이 얻었다고 하였다 한다."(최완수,『겸재 정선 연구』에서 재인용)

여기서 말하는 화가는 정선을 가리킨다. 그는 『임천고치』를 암송하면서 백악산과 인왕산의 진경을 사생하는 수련에 전력한다. 이윽고 그는 후세의 미술사가들이 격찬하게 되는 진경산수화라는 양식을 창안한다.

그러면 겸재가 한국의 국토 산하의 실경을 화폭에 옮기려고 한 이유는 무엇일까. 해답은 그가 탐독한 『임천고치』에 있다.

"임천을 사랑하고 구름과 안개를 벗삼으려는 뜻은 꿈 속에서도 그리는 바이지만, 실제로는 눈과 귀로 보고 듣고 싶은 것은 단절되어 있다. 이럴 때 훌륭한 솜씨를 얻어서 산수를 생생하게 그려낸다면, 대청이나 방안에서 나오지 않고서도 천석과 계곡을 즐길 수 있다. 이것이야말로 세상 사람들이 산수를 그리는 것을 귀하게 여기는 까닭이다."

이는 산수화의 기능을 단적으로 표현한 것으로, 군자가 살고 싶고 거닐고 싶은 산수를 만나는 것이 그리 쉬운 일이 아니므로 화폭 위 가상의 임천으로 이를 대신하기 위해 산수화를 그린다는 뜻이다. 겸재가 실재하는 국토 산하의 풍경을 생생하게 화폭에 옮긴 것은 가상의 산수 풍경 속을 실제처럼 소요할 수 있게 하기 위함이었다. 그러므로 그의 산수화는 현실의 풍경을 제재로 하고 있고 또 눈앞에서 보듯이 실감나게 표현되어 있다. 그는 그림 속의 산수를 거닐 수 있도록 하기 위해 여러모로 궁리를 해두었는데 그 역할을 그림 속의 인물이나 건물 따위의 첨경물이 맡았다.

그러므로 겸재의 진경산수화를 제대로 감상하려면 그 그림 속의 인물이 되어 가상의 산수 공간을 소요하듯이 보아야 한다. 그러기 위해서는 풍경 속을 소요하는 인물들의 행동을 주의 깊게 살펴보고 그들처럼 풍경을 체험하는 것이 좋다.

오른쪽의 「박생연朴生淵」을 보자. 폭포 아래쪽 '범사정泛槎亭' 주변에 두 명의 시동侍童을 거느리고 폭포를 감상하고 있는 갓 쓴 선비들이 있다. 그들의 시선을 눈여겨보자.

왼편(A부분)의 한 선비가 손짓하는 방향에는 폭포가 떨어지는 폭호瀑壺가 있다. 물의 표정이 가장 격하게 변하는 부분이다. 다른 한 선비와 시동의 시선도 그 선비의 손짓을 따라 폭포의 아랫부분을 향하고 있다. 그들은 '내려보다'라는 조망 행동을 하고 있다.

이 조망 행동을 유심히 관찰해보자. 그들은 굵은 소나무 둥치 '사이로 폭포를 보고' 있고, 시동은 폭포를 위로 '올려보고' 있다. 선비 한 사람은 폭포줄기를 그저 '바라보고' 있다.

그림의 오른편(B부분)에서는 지팡이를 들고 이곳저곳을 설명하는 선비의 지시에 따라 다른 이의 시선이 이리저리 움직이면서 '둘러보고' 있는 광경을 연상할 수 있다. 또한 범사정은 벽이 없어서 누마루

A: 손짓과 시선의 방향
B: 지팡이와 시선의 방향

에 들어서면 사방을 '둘러볼' 수 있을 듯이 보인다.

이와 같이 이 그림에서는 풍경을 조망할 수 있는 장소(조망점)에서 그 풍경과의 지리적 관계에 따라 다양하게 취할 수 있는 조망 행동을 실로 자세하게 묘사해놓았다. 그래서 우리는 그림 속의 사람이 가리키는 풍경에 주목하고 그 사람의 조망 행동에 따라 둘러보기도 하는 것이다. 겸재가 인물의 자세나 시선을 자세히 그려놓은 것은 그 때문이다. 즉 그림 속에 배치해놓은 조망점과 인물들의 조망 행동은 겸재가 우리에게 가르쳐주는 풍경 감상법인 것이다.

정선, 「박생연」.
그림 속 인물들의 조망 행동을 관찰할 수 있다.

여기서는 겸재의 그림 속에 설치해둔 조망처와 조망 행동을 꼼꼼히 살펴봄으로써 위대한 풍경가 겸재에게서 이른바 풍경 조망술을 배워보자.

올려보다

고도가 상대적으로 높은 곳에 있는 풍경을 바라볼 때 시선은 눈높이보다 올라가게 된다. 이때 우리의 조망 행동은 '올려보다'가 된다. 이 시선을 앙관仰觀, 혹은 앙망仰望이라고 하고 이때 보이는 경관은 앙관경 또는 앙망경이라고 한다.

올려보는 조망 행동은 오른쪽의 「쌍계입암雙溪立岩」에서 보다 확실하게 관찰할 수 있다. 물보라를 일으키며 흐르는 쌍계개울 턱에서 두 선비가 개울 건너편에 높이 우뚝 솟은 바위를 보고 있다. 목을 한껏 젖히고 있는 것으로 보아 시선이 하늘 높이 솟은 바위 끝에 가 있는 듯하다. 이때 선비들이 취하고 있는 행동이 '올려보다'이다. 이는 길가에서 높이 솟은 암봉을 보거나 물가의 너럭바위에서 기암절승을 체험할 때 취하는 행동이다. 또 수면 위에 떠 있는 배에서 단애 위의 정자를 볼 때에도 시선의 방향이 이와 같다.

올려보는 조망 행동이 가장 많이 일어나는 곳은 길이다. 겸재의 그림이 대개 산악의 기암절벽이나 암봉 혹은 단애를 볼거리로 하고 있고 또 이를 보러 가는 사람과 거기에 접근하는 길을 그려놓은 경우가 많으므로 여러 조망 행동 중 길에서 '올려보는' 행동을 가장 많이 체험할 수 있다.

정선, 「쌍계입암」. 올려보는 조망 행동을 하는 그림 속의 사람들을 좇아 이 그림을 보는 우리도 바위를 올려다본다.

내려보다

자신의 위치보다 낮은 곳에 있는 대상을 볼 때 우리의 시선은 아래로 향하게 되는데, 이때의 소망 행동은 '내려보다'가 된다. 이를 일반적으로 부감俯瞰이라 하고 이때 보이는 경관을 부감경이라고 한다.

오른쪽의 「용공동구龍貢洞口」에서의 시선은 '내려보다'이다. 두 선비가 급하게 흐르는 계류를 직벽 끄트머리에 앉아 내려보고 있다.

이 조망 행동이 가장 많이 관찰되는 곳은 정자, 누각, 물가의 너럭바위, 산봉우리의 순이다. 대개 산중턱에 위치한 마을이나 절벽바위 위에 세워진 정亭과 같은 건축물에서 수면이나 들 등 낮은 곳의 풍경을 조망할 때의 행동인 셈이다.

바라보다

시선이 조망 대상을 향하는 가장 단순한 조망 행동이다. 대개 먼 곳을 응시할 때의 행위이며 시선의 방향이 대지와 평행하여 이때 보이는 경관을 수평경이라 한다.

오른쪽의 「단발령망금강산斷髮嶺望金剛山」에서 이 조망 행동을 확인할 수 있다. 일군의 유람객이 단발령에 올라서서 멀리 평면의 실루엣으로 보이는 금강산의 암봉들을 보고 있다.

그들의 시선은 대개 동일한 고도이거나 또는 상대적으로 높은 고도의 산마루를 보고 있지만 시선을 위로 향하거나 목을 움직여서 경관 대상을 올려볼 필요가 없을 정도로 먼 곳에 있는 대상을 바라보고 있다.

대상을 거리를 두고 바라보는 이 조망 행동은 경관을 아름답게 보

정선, 「용공동구」.
내려보는 조망 행동이
관찰된다.

정선, 「단발령망금강산」.
바라보는 조망 행동이
관찰된다.

는 사람들에게 공통된 의식인 '거리 두기'의 연장이다. 이는 배 위, 길, 정자, 누각, 대臺에서 체험할 수 있다. 누각에서 멀리 병풍처럼 펼쳐진 금강산의 산봉우리를 바라보는 경우나 배 위에서 강변의 마을과 나루터를 보는 경우와 같이 공간적으로 시선의 확장이 가능한 곳에서 효과적인 풍경 조망술이다.

둘러보다

시야가 개방되어 있으며 특정한 조망 대상이 없거나 그 수가 적은 조망점에서 관찰되는 조망 행동이다. 시선은 한곳에 오래 머물지 않고 주위를 자유로이 이동한다.

아래의 「세검정洗劍亭」은 이 조망 행동을 관찰할 수 있는 그림이다. 물이 백색 화강암반 위를 쏜살같이 여울져내리는 냇가 너럭바위 위에 정자 세검정이 세워져 있다. 물줄기는 너럭바위 부분에 이르러서 크게 휘감아 돌아 내려가고 있다. 이 때문에 너럭바위는 물에 바싹 다가선

정선, 「세검정」.
가운데 정자에서
주위를 둘러보는
조망 행동이 가능하다.

듯이 보인다. 중앙부에 위치한 세검정에는 어떤 사람이 앉아 물을 바라보고 있다. 사방으로 트인 건축물에 앉아 있으므로 마치 둘러싸인 수려한 산세와 푸른 녹음 그리고 맑은 시냇물을 둘러보며 감상하고 있는 듯이 보인다. 이와 같이 시선을 어느 한 방향으로 강요하지 않는 건축물에서 일어나는 조망 행동이 '둘러보다'이다.

이 행동은 정자, 산봉우리 등에서 취할 수 있다. 금강산의 주봉主峰인 비로봉과 같이 모든 영역을 조망할 수 있는 산의 정상부나 교량, 바위절벽 위에 지은 정亭이나 각閣 등에서 조망할 때 효과적이다. 또한 이는 관찰자가 주위의 정보를 계기적으로 축적하는 행동이므로 산봉우리와 같은 시계가 탁월한 장소에서는 관찰자가 위치하고 있는 장소와 다른 장소와의 관계 즉, 지리 감각을 얻기 쉽다.

언뜻 보다, 지나쳐보다

올려보거나 내려보거나 둘러보는 조망 행동은 그 조망점에서 비교적 일정한 시간을 머물면서 행하는 행위다. 그러나 이동하는 길 위에서나 배 위에서는 시점이 이동하는 속도에 따라 상대적인 속도로 조망 대상을 바라보게 된다. 이때 경관을 응시하는 시간이 비교적 짧은 경우 취하는 것이 '언뜻 보다' 혹은 '지나쳐보다'이다.

다음의 「통천문암通川門巖」에서 이런 조망 행동을 관찰할 수 있다. 한 선비는 나귀를 타고 한 선비는 걸어서 해변을 지나고 있다. 거대한 절벽 사이로 길이 나 있다. 마치 새로운 영역으로 접어드는 초입처럼 보인다. 그래서 '문암'이라는 이름을 붙였을 것이다. 그곳을 지나는 두

정선, 「통천문암」.
언뜻 보거나 지나쳐보는
조망 행동이 관찰된다.

선비 중 하나는 나귀 등 위에서 먼 시선으로 바다를 보고 있다. 또 다른 한 사람은 이미 문암에 들어서서 지나온 절벽 위를 돌아보고 있다. 고개를 들어올려 쳐다보는 행동은 나귀의 걸음이 문암을 지나치면서 그 절벽 위 소나무가 시야에서 사라질 때 그만둘 것이다. 그는 나귀 위에서 소나무를 '언뜻 보고' 있다.

넘어보다

조망 대상과 그것을 바라보는 사람과의 사이를 적당한 높이의 장애물이 가로막고 있을 경우 시선이 그 장애물을 넘어 조망 대상을 바라보는 행동이다.

한 선비가 누마루 위 난간에 기대앉아 담 너머의 풍경을 바라보고 있는 오른쪽 「종해청조宗海聽潮」에서 이 조망 행동을 관찰할 수 있다. 담장 너머 보이는 것이 무엇인지는 명확하지 않으나 대개 산이나 대 등 시각적으로 우세한 대상을 볼 때 취하는 조망 행동이다.

'넘어보다'는 누, 정자 등 건조물 안에서 외부를 바라볼 때 취하는 조망 행동이다. 건조물 안에 들어 있는 사람은 건조물을 둘러싸고 있는 장애물, 예를 들면 담이나 수목 등으로 시계가 차단되고, 따라서 거

정선, 「종해청조」.
넘어보는 조망 행동을
관찰할 수 있다.

리의 연속감 또한 끊기게 된다. 멀리 보이는 경관은 거리적 연속감이 상실된 채로 차단물 바로 뒤에 보이게 되어 실제로도 가까이 있는 것처럼 느껴진다. 이때 체험하는 경관을 차경借景이라고 한다.

사이로 보다

조망 대상과 그것을 바라보는 사람 사이에 투과성 장애물이 존재하는 경우 그 사이로 멀리 있는 대상을 조망할 때의 행동이다.

다음의 「정자연丁字淵」에서 이 조망 행동을 체험할 수 있다. 깊고 잔잔한 물이 흐르는 둔치에 소나무가 군생하고 있고, 초당 몇 채가 그 소나무 숲 속에 자리하고 있다. 초당에서 정자연은 소나무 가지 사이로 보인다.

'사이로 보다'라는 조망 행동을 취할 수 있는 조망점은 길, 정자, 누각 등이다. 길가에 서 있는 나무의 줄기 혹은 가지 사이로 바라보이거나 시선 가까이 존재하는 암벽 사이로 바라보이는 절경들을 체험할 때 이 조망 행동을 취할 수 있다. 이 경우에는 시계의 연속성이 단절되므로 역시 멀리 있는 경물과의 거리감이 상실되어 '넘어보다'에서와 마찬가지로 차경을 체험한다.

마주보다

조망 대상과 조망하는 사람이 서로 보고 보여지는 관계를 맺은 상태에서 이루어지는 조망 행동이다. 관동팔경의 하나로 꼽히는 명승지를 그린 오른쪽의 「죽서루竹西樓」에서 이 같은 조망 행동을 관찰할 수 있다. 오십천에 떠 있는 거룻배 위에서 선비 세 명이 죽서루를 올려보고 있다. 죽서루 안에서도 기생 셋이 이야기를 나누며 아래쪽의 선비들을 바라보고 있다. 서로 보고 보여지는 조망 행동이다.

이 조망 행동은 배, 길, 정자, 누각에서 가능하다. 여기와 저기로 구분된 공간에서 저기에 있는 공간 및 사람들과 시선을 교응하는 행위이다.

자연 풍경에 인간의 의도 따위가 틈입할 여지는 없다. 그러나 실은 여기에 풍경 계획의 의도가 감추어져 있다. 그 말은 좋은 풍경이란 그 풍경을 보기에 적절한 장소 즉 시점과 그곳에서 그 풍경과 절묘한 관계를 맺는 시선 즉 조망 행동에 의해 발생한다는 뜻이다. 풍경의 학學을 지향하는 우리가 겸재에게 한 수 배우는 것은 바로 이것이다.

위) 정선, 「정자연」.
초당에서 나무 사이로 강물을
보고 있는 사람들을 관찰할 수 있다.
아래) 정선, 「죽서루」.
배 위에 있는 사람들과 정자에
있는 사람들이 서로 마주보는
조망 행동을 보이고 있다.

풍경이 태어날 때

풍경의 탄생

진화의 산물, 풍경

풍경의 탄생
낙원과 풍경화의 재현에서 대지예술에 이르기까지

이어도 허라 이어도 허라 (이어도여 이어도여)

이어 이어 이어도 허라 (이어 이어 이어도여)

이어 허민 나 눈물난다 (이어 하는 소리만 들어도 나 눈물난다)

이어 말은 마랑근 가라 (이어 말은 말고서 가라)

강남을 가난 해남을 보민 (강남 가는 해남길을 보면)

이어도가 반이앵 해라 (이어도가 반이라 한다.)

　－제주 부녀 노동요 '이어도 허라'

　백과사전에 따르면 이어도는 제주도의 마라도에서 서남쪽으로 152km 떨어진 동중국해에 있는 섬이다. 암초 정상이 바다의 표면에서 4.6m 아래에 잠겨 있고, 파도가 심할 때만 그 모습을 드러내서, 옛날부터 제주도에서는 환상의 섬, 또는 전설의 섬으로 불리고 있다.

　고은도 그의 제주 체험의 산물인 『제주도』에서 이어도를 제주에서 중국으로 가는 고대 항로에 있는 섬이라고 했다. 제주도의 진공선進貢船이 중국으로 가는 도중 이어도 앞에서 격하게 이는 파랑으로 난파되는 일이 많았다는 해설도 덧붙이고 있다.

　이러한 이어도는 제주도민들에게 원망怨望의 상징이다. 이는 제주 부녀들의 노동요인 '이어도 허라'에 잘 드러나 있다. 다음은 '이어도 허라'에 대한 고은의 해설이다.

"남편 어부는 어제나 어제의 어제에 떠난 것이 아니다. 벌써 몇 달이 되어가고 있다. 바다에 가서 몇 달이 되었다면 그것은 영원한 실종인 것이다. 그러나 아내는 남편의 죽음에 대하여 의례적으로 심증을 거부한다. (중략) 이런 아내도 그러나 어느덧 그들이 묵시적으로 믿고 있는 저 세상 이어도에 집중되고 있는 것은 피할 수 없다. (중략) 이런 환상의 역사에 의하여 이어도는 슬픔의 섬이 되며 제주 부녀에게 필요한 삶의 한이 되는 것이다. 그래서 이어도의 '이어…' 하는 말만 들어도 그녀들은 울음이 북받치며 눈물이 괴는 것이다."

이어도는 제주 사람들에게는 죽음을 의미한다. 그곳으로 간 자들은 귀향하지 못한다. 죽음의 장소이며 노동의 멍에를 벗어 던진 지복자至福者의 공간이다. 그 섬을 본 사람은 이 세상에는 없다.

그럼에도 불구하고 그 섬의 실재를 보증하는 설화가 있다. 다시 고은이 채록한 설화를 인용한다.

"산지포山地浦의 한 늙은 어부는 그의 동료와 함께 근해 어로에 나섰다가 극심한 격랑을 만나서 표류되고 배는 없어져버렸다. 그는 죽어가기 시작했다. 더 이상 아무런 힘도 남아 있지 않았다. 그런데 그때 하얀 절벽으로 이루어진 섬 하나가 그의 눈에 띄었다.

'이어도다! 이어도다! 이어…'

그는 결국 의식을 잃었다. 파도에 밀려 그는 제주 삼남 동단의 표선 바다 기슭에 다다랐다.

그 마을 사람들이 어떤 시체가 또 떠내려 왔는가 하고 살펴보았을 때 아직도 숨이 남아 있어서 신방에 빌고 몸을 녹여서 재생시켰다.

집에 돌아가서도 그는 입을 열지 않았다. 늙은 아내와 아들은 아마도 충격 때문에 벙어리가 되었거나 바다 귀신이 씌어 영원한 침묵에 사로잡혔다고 생각했다. 그러던 어느 날 어부에게 임종이 다가왔다. 그는 자신의 유일한 씨앗인 아들의 귀에다 대고 '이어도! 이어도를 보았다!' 라고 말하고는 숨을 거뒀다. 그는 메밀밭 복판에 묻혔다."

이어도가 해저 암초인 파랑도를 가리키는 것이라는 지리학자의 야멸찬 단정을 믿고 싶지 않은 이유가 이 설화에 있다. 이어도는 섬이라고 하는 척박한 자연환경이 제주도민에게 강제하는 극단적인 노동을 피할 수 있는 유일한 은신처다. 또한 뭍을 떠나 제주에 표착한 유민들이 현실을 부정할 수 있는 이상향이며, 그런 의미에서 고향과 같은 곳이다. 유민들은 자신들의 고향을 잃어버린 대신 상상 속에서 그들이 귀향할 고향을 만들어낸 것이다.

"고향이라는 뜨거운 곳, 돌아갈 곳이 다만 또 하나의 꿈의 섬으로 진화한 것이다. 그것이 '이어도'인 것이다"라는 고은의 단정에 긍정하는 것도 상실한 고향을 대체하는 낙원으로서의 이어도의 존재 이유에 납득하기 때문이다.

정원의 탄생

그러나 낙원은 노동의 강제로부터 피신하는 안락한 공간으로만 상상된 것은 아니다. 예를 들면 중국인이 상상한 봉래산蓬萊山은 왕과 귀족들의 생명 연장을 보증하는 명약의 산지로서 상상되었다.

봉래산은 『사기史記』의 「봉선서封禪書」에 따르면 영주산瀛州山, 방장산方丈山과 함께 발해渤海 해상에 있는 섬이다. 그곳에는 신선이 살고 있으며 불사의 명약이 있다고 한다. 새와 짐승은 모두 빛깔이 희고 금, 은으로 지은 궁전이 있는 그곳은 파도가 높아 다다를 수 없는 곳이라는 말도 덧붙이고 있다.

봉래산은 그곳의 기능이 편안한 삶의 연장에 있다는 점에서 공간 상상력의 출발점이 이어도와 같다. 그러나 권력자의 영원한 삶을 연명할 명약의 산지라는 점에서는 이어도가 제공하는 실향자의 고향 이미지와 거리가 있다. 또한 제주도민은 이어도를 강제된 노동으로부터 해방된 낙원으로 구전口傳하고 있었던 것에 반해, 중국의 권력자들은 봉래산을 탐방하여 불로不老를 향유하고 있는 신선을 확인하려고 했다는 점에서 차이가 있다. 물론 그들의 시도는 헛수고에 그쳤다.

중국 문화의 영향권에 있었던 우리나라의 고대 왕과 권력자들은 신선이 거주하는 낙원의 부재를 확인하고, 지상의 낙원으로서 정원을 건설하기 시작했다. 이처럼 불로와 지복의 장소로 상상한 낙원을 지상에 재현하는 것, 여기에 풍경 탄생의 원리가 감추어져 있다.

정원학자들의 연구에 따르면, 우리나라에서 낙원이 정원 공간에 재현되는 것은 적어도 삼국시대에까지 거슬러 올라갈 수 있다고 한다.

"3월에 궁성 남쪽에 못을 파고 물을 20여 리나 끌어들였으며 (못의) 네 언덕에 버드나무를 심고 못 속에 섬을 만들어서 방장선산(方丈仙山)에 비기었다."〈이병도 옮김, 『삼국사기』 백제 무왕 35년(634)〉

부여 궁남지 풍경. 우리나라는 삼국시대부터 사각형의 못과 버드나무, 그리고 못 가운데 섬을 두어 이를 신선이 사는 이상향인 방장산으로 여겼다.

사각형의 못과 버드나무, 그리고 못 가운데 섬을 만들어 이를 신선이 사는 이상향인 방장산으로 여겼다는 정원 건설의 기록은 정원을 건설할 때 상상 속의 이상향이 모델이 되었음을 심증하게 한다. 신라의 임해전 지원池苑과 고구려 안학궁의 지원 역시 신선이 산다고 하는 섬을 못 속에 만들어두었다. 경복궁의 경회루, 남원의 광한루, 윤선도가 조영한 보길도의 세연정도 역시 못 가운데 섬을 두어 신선의 경지를 눈으로 볼 수 있게 했다.

이와 같이 낙원의 이미지가 현실의 정원 공간에 투영된 것은 우리나라에만 한정된 것은 아니다. 중세 유럽의 단조로운 정원은 창세기의 무대인 에덴원을 모델로 한 것이다.

"보기에 좋고 먹기에 좋은 나무가 나게 하시니 동산 한가운데에는 생명나무와 선악을 알게 하는 나무도 있더라. 강이 에덴에서 발원하여 동산을 적시고 거기서부터 갈라져 네 시원始原이 되었으니."(창세기 2:9-10)

구약성서 창세기에 묘사된 에덴원은 중세 유럽의 수도원에서 중정中庭으로 재현된다. 십자가를 연상케 하는 네 갈래로 갈라진 물길과 그 중심에 성모상이 있는 정원이 그것이다.

프랑스 목판화 「에덴원」. 구약성서 창세기에 묘사된 에덴원은 중세 유럽의 단조로운 정원으로 재현된다.

산이 풍경으로

산을 풍경으로 보기 시작한 것은 동양의 경우, 5세기 중국에서 산수를 주제로 한 시가詩歌가 발생한 것과 관련이 있다.

프랑스의 지리학자 오귀스탱 베르크는 저서 『일본의 풍경, 서구의 경관』에서 다음과 같이 언급했다.

"수, 당 시대 이후 중국에는 산수화가 있었지만, 이것은 마찬가지로 풍경을 주제로 한 시가와 대단히 밀접하게 관련되어 있다."

여기서도 알 수 있듯이 산을 풍경으로 보는 시선의 발견에는 시각 매체인 산수화보다는 시詩라고 하는 언어 매체가 더 중요한 역할을 한다. 도연명, 이태백, 백거이 등 당나라의 시인들이 먼저 산을 풍경으로 보기 시작했고, 이러한 태도는 한자와 함께 우리나라와 일본으로 유통되어 산에 대한 풍경적 시선은 지식인들 사이에서 보편화되었다.

이를 두고 일본의 경관학자 나카무라 요시오는 "풍경은 동양에서는 언어가, 서양에서는 풍경화가 그 기원이다"라고 했다. 그러나 그것은 은유적인 표현이다. 산수의 아름다움을 발견한 사람들은 성스런 산을 한 걸음 뒤켠에서 관조하던 당나라의 시인들이다. 시가는 그들의 표현 매체였던 것이다.

서양에서 산은 동양과 달리 오랫동안 미적 대상으로서의 풍경이 아니었다. 산을 두려움과 수치심의 대상이 아니라 등산의 즐거움과 풍경 미의 대상으로 여긴 최초의 사람은 프란체스코 페트라르카라고 한다. 그는 1335년 프로방스 지방의 방투산(1912m)에 올랐을 때 등산의 즐거움과 산의 아름다움을 노래했다고 하는데, 이것으로 서양에서 등산의 즐거움과 풍경을 즐기려는 목적으로 산에 오른 최초의 사람으로 기록된다.

오귀스탱 베르크는 1492년 6월 28일, 앙트와르 빌이 국왕 샤를 8세의 명령으로 알프스의 에귀산(2097m)을 등정하고부터 알프스가 등산이라는 레크레이션의 대상이 되었다고 말한다. 알프스는 그때부터 공포와 수치심의 산에서 알피니즘alpinism의 대상으로 변환되었다.

그러나 산이 풍경미의 대상이 되기까지는 아직 시간이 더 필요했다. 1681년에 토마스 버넷은 『신성한 지구의 이론』에서 다음과 같이 말한다.

"대홍수 이전의 지구 표면은 산도 바다도 없었고 부드럽고 규칙적이었으며 한결같았다. 이 부드러운 지구는 젊음과 꽃 피는 자연의 아름다움을 지니고 있었으며 그 몸은 신선하고 아름다웠다. 주름살이나 흉터, 균열이 없었다. 바위도 산도 없었다. 다만 평평하였으며 어디나 꼭같았다."(더글러스 포르테우스, 『환경미학』에서 재인용)

그런 지구에 산이 생긴 것은 인간이 죄를 지었기 때문이다. 인간들의 죄는 대홍수를 초래하였고, 지구 표면은 빗물에 씻겨 내려가 그 결과로 산이 생겼다고 보았다. 산은 지구의 얼굴에 난 사마귀와 주름살로 여겨졌다.

서양에서 산이 풍경이라고 하는 미적 대상이 된 것은 오귀스탱 베르크에 의하면 18세기부터라고 한다.

"18세기에 모든 것이 변한다. 예를 들면 스위스를 방문한 여행자의 수가 1730년대에서 1760년대에 걸쳐 배로 불어났다. 이러한 열광의 저변에는 알프스의 진귀함, 특히 빙하를 상세하게 묘사한 출판물의 대중적 성공이 있었다. 그것은 알프레드 하라의 시 「알프스」였다. 사람들은 이 시를 통하여 무서움과 쾌적함의 매력을 맛보게 된다. 이것은 절벽과 급류, 빙괴氷塊와 함께 자연의 광경이 가져다준 것이었다. 알프스 풍경의 미화는 장 자크 루소의 소설 『신新 에로이즈』의 대성공에 의하여 확립된다. 그 부제는 '알프스 기슭의 작은 마을에 사는 두 사람의 연서'였다." (오귀스탱 베르크, 앞의 책)

여기서 주목해야 할 점은 알프스의 풍경미를 발견한 사람은 그 산의 기슭에 사는 주민이 아니라 알프스를 잠시 다녀온 시인과 소설가였다는 점이다. 알프스를 수치심과 공포의 대상으로 보았던 그때까지의 사람들과는 달리 산의 지형이 빚어내는 아름다움을 알아챈 예술가가 풍경으로서의 산을 발견한 것이다.

"알프스 풍경의 발견은 산의 전망을 담은 그림의 확산에 앞서는 것이 아니라 그것에 뒤이어 일어났다"고 하는 미술사가 곰브리치의 단언 역시 알프스의 아름다움을 자각하게 한 화가의 역할을 웅변하고 있는 것으로 되읽고 싶다.

도시민에 의한 전원 풍경

"자연이 인간에게 강력하게 맞서는 상황에서는 자연미가 들어설 자리가 없다. 눈앞의 자연을 행위의 객체로 삼은 농업 종사자들은 주지하고 있듯이 경관(전원 경관)에 별다른 감정을 갖지 않는다."

20세기 미학자 아도르노는 저서 『미적 이론』에서 농업 종사자들의 미적 감수성을 이와 같이 대변한다. 다시 말해서 전원은 도시인의 향수적 이미지다. 전원의 아름다움은 도시인에 의해 고안된 것이다. 시골의 뜻인 '컨츄리사이드countryside'의 '컨츄리country'는 '반대countrast'에서 유래한 말이라고 한다. 따라서 전원 풍경은 보는 사람의 반대편에 있는 토지, 즉 도시민들이 자신들과 마주하고 있는 농업적 환경을 미적인 시선으로 바라볼 때 그것을 이르는 말이다.

사실, 야생 역시 애초부터 있었던 것은 아니다. 인간이 자연과 대치하면서 사람의 손이 닿지 않은 자연을 야생이라고 부름으로써 생긴 것이다. 지금도 원시적 상태에서 살고 있는 중앙 아프리카의 피그미족이나 아마존 유역의 미개족은 그들을 둘러싸고 있는 숲을 야생의 숲이라고 말하지 않을 것이다. 오귀스탱 베르크는 그들의 이러한 태도 역시 현대의 우리가 문명화된 환경에 대해 갖는 태도와 동일함을 역설한다. 그들은 숲을 식물과 동물, 친구, 적이 살고 있는 곳으로 여기면서 그들 나름의 사회적 관계를 맺으며 살고 있다.

야생이 풍경이 되기 위해서는 그 자연을 거리를 두고 미적인 대상으로 바라보는 시선이 준비되어야 한다. 마찬가지로 농업 환경을 전원 풍경이라고 미화하는 행위는 농촌에 거리를 두고 그곳을 무심코 바라볼 수 있는 도시의 주민에게서 볼 수 있다.

농업 환경을 미화하는 도시민의 전원 풍경 취미는 18세기 이후 영국에서 시작된 이른바 풍경식 정원에 재현된다. 런던의 은행가 헨리 후어의 저택에 있는 스도우헤드Stourhead 정원은 당시 영국 상류사회가 무엇을 아름다운 풍경으로 생각했는지를 알려준다. 여기에는 초원과 관목이 있으며 못에는 돌다리가 걸려 있다. 숲 속에 산재해 있는 로마 사원 등의 폐허는 로마의 건국신화를 연상하게 한다. 그것은 이탈리아의 전원 풍경이었다.

미술사가 마르틴 바른케는 스토우헤드 정원으로 대표되는 18세기 영국식 정원을 탄생시킨 것은 현실 정치에 실망하고 낙향한 정치가들이었다고 한다. 이 지적은 전원 풍경의 발견자들이 도시민이라는 것을 말해준다.

풍경화의 재현인 영국의 풍경식 정원

정원이 낙원을 모델로 하여 건설되었듯이 아름다운 풍경이라는 개념은 풍경화를 모델로 한 것이다. 나카무라 요시오는 논문 「랜드스케이프: 그 궤적과 전망」에서 이렇게 말한다.

"영어로 랜드스케이프landscape라는 말은 '풍경화'와 '실경으로서의 풍경', 이 두 가지의 의미를 지니고 있다. 환경을 풍경으로 보는 우리들의 눈은 풍경화가 구축해둔 이미지를 환경에다 겹쳐서 보기 때문에 이러한 이중의 의미가 탄생한 것이다."

랜드스케이프가 풍경화와 실경으로서의 풍경을 함께 지칭하는 이중 의미이며, 풍경화를 보는 시선으로 풍경을 본다는 사실은 이미 많은 미술사가들이 지적하고 있다. 사람들은 전승이나 노래 등 언어로 서술된 이상향의 이미지를 정원 제작에 반영한 것처럼 풍경화의 이미지를 현실의 풍경에 투영하여 아름다운 풍경을 골라냈다. 알프스의 산악 풍경은 알프스를 그린 그림이 널리 퍼진 후에야 그 아름다움이 양해되었다.

풍경화가 환경을 풍경으로 체험하는 사람들의 시선을 이끌고 있음을 곰브리치의 지적으로도 확인할 수 있다.

스토우헤드 정원의 아폴로 사원.(사진 Monique Mosser & Georges Teyssot, 『The History of Garden』에서 인용)
미술사가 마르틴 바른케는 스토우헤드 정원으로 대표되는 18세기 영국식 정원을 탄생시킨 주체는 현실 정치에 실망하고 낙향한 정치가들이었다고 한다. 이 지적은 전원 풍경의 발견자들이 도시민들임을 말해준다.

"자연의 숭고한 아름다움에 대하여 처음으로 사람들의 눈을 일깨운 화가는 바로 클로드 로랭이었다. 그가 죽은 뒤 거의 백 년 가까이 되었을 때에야 여행객들은 클로드의 기준에 따라서 실제의 경관을 판단해보기 시작했다. 만약 어떤 풍경들이 클로드가 그려 보여준 시각 세계를 상기시키기만 하면 그들은 그 풍경을 아름답다고 찬미하며 거기에 소풍가서 놀곤 했다."(에른스트 H. 곰브리치, 『서양미술사』)

영국의 귀족 자제들은 그동안 클로드의 그림에서 보았던 로마의 폐허를 그랜드 투어라고 하는 유럽 주유周遊 여행에서 실제로 확인하게 된다. 곰브리치의 위와 같은 진술은 그때 그들이 거실 벽에 걸려 있던 클로드 로랭의 그림 속 로마 풍경과 꼭같은 풍경을 만날 때마다 그저 무작정 그 풍경을 찬미한 것을 두고 한 말이다.

상상의 공간인 이상향이 정원에서 재현되듯이, 이상적인 풍경으로 여겨진 풍경화는 아름다운 풍경을 골라내는 잣대에서 이윽고 지상의 낙원인 정원 풍경의 모델로 참조된다. 미술사가 마르틴 바른케도 『정치적 풍경』에서 영국인의 정원 건설 태도를 이렇게 말하고 있다.

"영국인은 정원을 '소유할 수 있는 회화'에 빗대었고, 또 정원술은 '풍경화의 자매'라고 불렀다. 호레이스 월폴은 정원 건축가 윌리엄 켄트를 두고 이런 말을 했다. '그의 상상력의 붓은 그가 다루고자 하는 장면에 풍경화의 모든 기법을 부여했다. 정원 건축의 대전제는 풍경화와 마찬가지로 원근법과 빛과 그림자였다.' 영국식 풍경 정원의 자연은 결코 눈에 보이는 그대로의 자연이 아니라 오히려 '시가詩歌와 회화와 역사에 반영된 자연에 가까웠다.'"

위) 클로드 로랭,
「델로스 해안에 선 아이네이아스」.
아래) 스토우헤드 정원.
(사진 Geoffrey and Susan Jellicoe,
『The Landscape of Man』에서 인용)
풍경화는 아름다운 풍경을
골라내는 잣대에서 지상 낙원인
정원 풍경의 모델로 참조된다.
클로드 로랭의 그림을 재현한
정원은 스토우헤드였다.

파리 샹젤리제 거리.
(Monique Mosser & Georges Teyssot,
『The History of Garden』에서 인용)
19세기 중반 파리 시장 오스만의 지휘로
이루어진 파리 재정비 사업에서
비로소 도시라고 하는 큰 스케일의
공간을 마치 한 폭의 그림을 그리듯이
디자인하는 행위가 출현하였다.

이태리를 마지막 기착지로 하는 그랜드 투어에서 돌아온 귀족 자제들은 곧 그들이 풍경화 속에서 체험했던 풍경을 창문 너머의 정원 공간에 재현했다. 그 정원은 풍경화 그대로였다.

실제 풍경이 아닌, 화가의 상상력으로 재구성한 이상적인 풍경을 현실의 정원에 재현했다는 점은 백제의 왕궁이나 사대부의 별서別墅 정원에서 실행한 신선경神仙境의 재현과 다를 바 없다.

풍경화의 풍경이 정원이라는 실경으로 재현된 것은 18세기 영국에서였다. 21세기를 눈앞에 둔 현재까지도 아름다운 풍경의 규범으로 자리하고 있는 풍경식 정원landscape garden이 탄생한 것이다. 풍경식 정원은 실경에 풍경화적 이미지를 투영하여 재현한 이상향의 은유다.

정원에서 도시로

풍경화와 같은 이상적인 풍경을 실재하는 정원 공간에 재현한 정신은 도시 공간에 그대로 투영되었다. 예를 들면, 나폴레옹 3세 치하에서 프랑스 파리의 아름다운 도시 경관을 창출한 파리 시장 오스만의 풍경 창조 태도가 그것이다. 그는 도시를 아름다운 풍경화를 그리는 듯한 태도로 바꾸어나갔다.

오스만의 지휘하에 도시 경관을 담당한 알팡은 그의 파리 건설 기록인 『파리의 산책로』에서 당시 상황을 설명하고 있는데, 이에 따르면 사원과 같은 역사적 건조물과 시청사, 극장 등 중요한 건축물과 다리가 한폭의 그림으로 보이게끔 광장을 만들고 가로수를 정비했다고 한다. 이 사업에 대해 '비로소 도시라고 하는 큰 스케일의 공간을 마치

한 폭의 그림을 그리듯이 디자인하는 행위가 출현한 것'이라는 역사적 평가는 예술이 실경에 투영되는 것이 개인적인 기호를 넘어 사회적인 현상이라는 점을 말해주고 있다.

풍경화를 정원 공간으로 재현하는 정신은 이윽고 도시 공간으로 확대된다. 도시의 형태를 지형과 방어, 그리고 인구의 성장에 자율적으로 맡긴 결과, 그 도시의 경관이 미로와 같은 좁은 골목과 갑자기 출현하는 거대 건축물, 그리고 난잡한 가로수의 추한 풍경이 되어버렸음을 도시 건설자들은 알아차렸다. 도시와 같은 거대 공간에 대한 이러한 미의식은 일부 귀족과 지식인들 사이에서 유행하던 풍경화를 통한 풍경 평가의 시선이 도시 건설자들에게까지 파급되었음을 의미한다.

도시 경관에 대한 심미적 태도는 유럽에서 미국으로 건너가 그 유명한 '도시미 운동'으로 발전하여, 수도 워싱턴을 프랑스 조경가들의 힘을 빌어 베르사이유 정원을 모델로 한 바로크 도시로 건설한다. 옴스테드가 설계한 뉴욕의 센트럴 공원 역시 이때 만들어진 것이다. 영국의 풍경식 정원을 모델로 한 센트럴 공원은 이제는 세계의 표준이 되었다.

신풍경과 탈자脫者

풍경은 어떻게 창조되는가. 이 화두에 자신 있게 대답하는 것은 필자의 능력 밖의 일이다. 그것에 모두 대답하기에는 많은 논거와 상상력이 요구되기 때문이다. 그러나 새로운 풍경이 탄생되는 순간의 목격담만으로 가설을 내세우는 것을 허락한다면, 새로운 풍경은 과거의 현실을 모델로 하여 만들어지는 것이라고 할 수 있다.

　고대 왕조의 낙원을 재현한 정원, 17세기 풍경화에 의해 시작된 풍경식 정원, 그리고 풍경화적인 도시의 조화미는 모두 농경 문명 시대에 성립한 도시와 농촌의 풍경이며 농촌의 경작 환경에서 벗어난 도시민이 그리워하는 과거의 경관이다.

　다시 말해서 새로운 풍경의 탄생은 환경을 거리를 두고 볼 수 있는 관조자, 즉 탈자脫者가 풍경의 아름다움을 발견하고 제작하고 또 혁신함으로써 비롯되는 것이다. 물론 이때에는 풍경화 등의 예술 작품이 관조자의 미의식을 지배하고 있음을 간과해서는 안 된다.

　그러나 신풍경의 전범典範으로서의 역할을 맡고 있던 풍경화는 19세기말 미술사에서 사라진다. 영국의 조경학자 톰 터너는 현실을 보다 세밀하게 묘사할 수 있는 정밀기계인 사진기의 발명이 풍경화를 급속히 쇠락하게 했다고 한다. 풍경화 이후의 미술사는 이어 입체파와 추상예술의 대두를 기술한다.

　우리는 도시화와 공업화 시대를 지나 지금은 정보화 시대에 살고 있다. 정보화 시대 이후의 사회에서 상찬될 아름다운 풍경을 예측해보는 것은 흥미 있는 일이다. 정보화 시대에 푹 젖어 있는 우리와 달리 정보화 시대를 이미 벗어난 이들, 예를 들면 예술가가 보여주는 세계를 유심히 살펴보면 그 해답이 있을지 모른다. 예술가들은 늘 그렇듯이 세계를 보는 새로운 시선을 제공하고 있다.

　새로운 풍경의 발견과 관련된 예술가들은, 예를 들면 1960년대 이후 미국을 중심으로 시작된 대지예술(Land Art, Earthwork)의 조각가, 조

크리스토의 '달리는 펜스'는 자연에 틈입하는 인조물로 사람과 자연의 관계를 각성하게 한다.
(사진 John Beardsley, 『Earthworks and beyond』에서 인용)

경가, 설치미술가들이다.

산업폐기물로 오염된 호수에 그 기능이 의심스러운 나선형 방파제를 제작한 로버트 스미드슨, 캘리포니아주 북부 지역에서 약 40km에 걸쳐 2,050개의 흰색 나일론 패널을 케이블로 엮어 '달리는 펜스 Running Fence'를 제작한 크리스토, 유타주 사막 한가운데에 길이 6m, 지름 3m의 원통 4개를 대지의 네 방향으로 설치한 작품 '태양 터널 Sun Tunnels'의 낸시 홀트 등, 많은 대지예술가들이 새로운 풍경을 제시하고 있다.

바닷속에까지 달려들어가면서 대지와 해수면조차 분단하는 흰 비닐 펜스, 공업 생산물인 원통 속에서 찬연히 빛나는 사막의 태양, 사람의 손길이 닿지 않는 사막에 좁게 난 직선 길, 유빙流氷 위의 직사각형 부유물 등은 넓은 목초지와 숲과 고전적 건축물 등이 어우러진 풍경화와는 사뭇 다른 풍경이다. 풍경의 가치가 사물과 사물간의 결연에 의해 생성된다는 점에서 대지예술가들이 시도하는 자연물과 인공물의 새로운 결연은 예술가가 아닌 우리들에게조차 전원 풍경과는 다른 아름다움을 느끼게 한다.

전원 풍경의 탄생에 막강한 영향력을 미친 17세기의 풍경화가, 시인, 그리고 소설가들이 지니고 있던 풍경적 혜안과 대중적 영향력을 20세기 후반에 등장한 대지예술가들이 대신하게 될 것인지는 좀더 두고봐야 할 것 같다.

아무튼 먼 훗날 우리가 찬미할 풍경은 우리가 예술가라고 부르는 사람들이 먼저 발견할 것이다. 그리고 그때의 사람들이 좋아하는 풍경은, 필시 그 당시의 사람들이 회고자적인 시점에서 바라볼 수 있는 그들의 과거 생활 경관일 것이다. 그런 의미에서 전원 풍경은 미래에도 여전히 아름다운 풍경으로 사랑받을 것임에 틀림없다. 그러나 지금과 같은 독점적인 지위는 상실할 것이다. 대신 미래의 우리들이 이미 극복했을 것임에 틀림없는, 지금 우리들이 악전고투하는 생활의 장소들이 전원 풍경과 함께 아름다운 풍경으로 재현될 것이다.

진화의 산물, 풍경
풍경 감각도 절차탁마하면 풍부해진다

> 농부들이 풍경이나 나무들을 아는지 의심스럽다. 그래, 네겐 이상하게 들리겠지만. 농부가 끄는 마차를 타고 시장에 갔을 때였다. 그는 전혀 아무것도 보지 않고 있었다. 생 빅투아르 산조차 보지 않는 것이다.
> —세잔이 친구 조아생 가스케에게 보낸 편지에서

세잔(Cezanne, Paul, 1839~1906)은 남프랑스의 엑상 프로방스에서 태어났다. 19세기의 엑상 프로방스는 인구 3만의 작은 마을이었다. 그는 은행가인 아버지의 희망대로 처음에는 법관이 되려고 엑스대학교 법학과에 입학한다. 그러나 법과대학을 마치기 전인 1857년부터 1860년까지 고향의 시립개방미술대학에서 미술도 함께 공부한다. 이것이 후일 미술사가들이 근대 회화의 아버지라고 부르게 되는 위대한 화가 세잔의 공식적인 그림 공부의 시작이다.

그가 우리 식으로 이해하면 고향의 영산과도 같은 생 빅투아르 산에 관심을 가지고 그림으로 표현한 것은 1880년대 이후라고 한다. 생 빅투아르 산의 특징은 다음 글을 참조하자.

"프로방스에서 가장 높지는 않지만 가장 험준한 산으로 알려져 있는 생 빅투아르 산은 봉우리 하나가 홀로 서 있는 것이 아니라 천 미터 정도 높이의 연봉들이 거의 일직선을 이루며 펼쳐져 있다. 그런데 정상 부분은 이 산에서 서쪽으로 반나절 걸으면 나오는 엑스 분지에서 볼 때만 가파르게 보인다."(미셸 오, 『세잔』)

평활하게 연이어 있는 능선에서 약간 솟아오른 정상 부분이 세잔이 태어난 엑상 지방에서는 과장되게 투시되었다. 세잔이 즐겨 그렸던 생 빅투아르 산의 모습이다.

세잔의 후기 생 빅투아르 산 그림은, 리처드 베르디가 표현한 대로 평원 위에 무중력의 상태로 떠 있는 것처럼 보이게끔 그린 것이 인상적이다. 베르디는 이렇게 말한다.

"그 산은 마치 인간과 신 사이에서 정신적 거간꾼으로 존재하고 있는 듯하다. 이들 그림에서 땅의 색깔들은 모두 하늘을 향해 분출한다. 세잔은 그 색깔들에서 모든 불순물을 제거하여, 그것들이 하늘로 상승하면서 인간의 열망과 우주적 조화의 황홀한 결합을 노래하는 듯하다."(미셸 오, 앞의 책에서 재인용)

그래서 시인 릴케는 이 그림에서 세잔은 종교를 그려냈다고 말한다. 세잔에게 생 빅투아르 산은 산괴山塊 그 이상이었다. 거기에서 신의 현현顯現 또는 우주적 합일로 표현될 수 있는 일종의 종교적 감화를 받은 것이다. 성산聖山으로서의 생 빅투아르 산의 풍모를 세잔은 특유의 감수성으로 알아차렸다. 만년의 그는 생 빅투아르 산에 집착하는 듯이 보일 정도로 그 산의 다양한 풍모를 그리고 또 그렸다.

그런데 그런 세잔과는 달리 엑스 분지의 농민들은 그 산에 별반 관심이 없었던 것 같다. 세잔은 그것에 큰 충격을 받았다. 자기의 혼을 뒤흔드는 생 빅투아르 산이 농부에게는 그저 평범한 산이었다. 농부는 어떤 성스런 느낌이나 혼을 송두리째 바칠 만한 충격을 받기는 커녕 그 산이 있다는 사실조차 모르는 듯 했다. 세잔이 농부의 믿을 수 없는 감수성에 진저리를 치는 모습이 친구 조아생 가스케에게 보낸 편지에 잘 드러나 있다.

폴 세잔, 「생 빅투아르 산」. 성산으로서의 생 빅투아르 산의 풍모를 세잔은 특유의 감수성으로 알아차렸다. 만년의 그는 집착하는 듯이 보일 정도로 그 산의 다양한 풍모를 그리고 또 그렸다.

그러나 세잔도 눈앞에 있는 산이 누구에게나 동일한 의미로 받아들여지지 않는다는 것을 알았다면 그렇게까지 절망하지는 않았을 것이다. 다시 말해서 풍경이 곧 시각상은 아닌 것이다. 시각상과 풍경의 차이에 대해서 논의하기 위해 우리의 눈과 뇌가 어떻게 세계를 풍경으로 체험하는지를 알아보자.

우리가 눈을 통해 세계를 보는 극히 자명한 시각 체험을 논리적으로 설명하려고 한 사람 중에 독일의 천문학자 케플러가 있다. 그는 우리의 시각 체험을 이렇게 설명했다.

"시각은 망막의 휜 만곡면彎曲面 위에 그려지는 사물의 형태에 의해 획득된다."

이 때가 1604년이었다.

시각심리학자 네이서에 의하면, 케플러는 눈을, 눈의 배면背面에 초

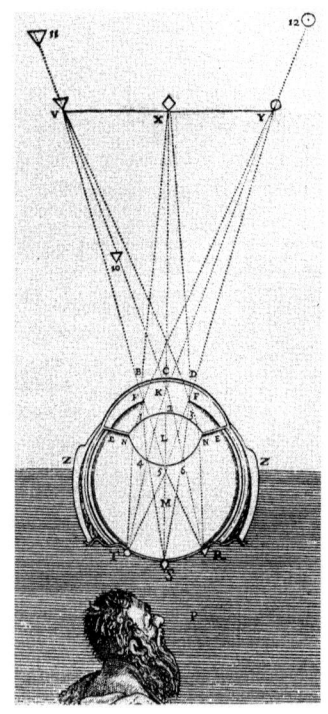

데카르트의 실험.(울리네이서, 『시각의 과정』에서 인용) 소의 동공을 통해 망막에 비치는 세계는 상하가 역전된 상, 즉 도립상이라는 것을 알아냈다.

점이 맺히는 어두운 상자 즉 카메라와 같은 것으로 생각한 최초의 사람이라고 한다.

그로부터 10년쯤 뒤 데카르트는 직접 관찰한 결과를 가지고 이 논의를 결론지으려 했다. 그는 실제로 눈이 어떻게 세계를 보는지를 알아보려고 다음과 같은 실험을 했다. 먼저 도살장에서 소의 눈을 가져와 창문에 구멍을 뚫어 끼워 넣었다. 그리고는 투명하게 표면을 깎아낸 소의 안구 뒤쪽에서 바깥 풍경을 바라보았다. 이 실험을 통해 그는 동공을 통해 망막에 비치는 세계는 상하가 역전된 상, 즉 도립상倒立像이라는 것을 알아냈다. 그 상은 마치 카메라가 세계를 찍어낸 것과 같이 세계의 축소판이라는 것도 발견했다. 케플러의 가설을 데카르트가 실험으로 실증한 순간이었다.

17세기 이후 눈과 카메라의 상동적 관계는 거의 정설이 되었다. 그러나 그것이 세계의 시각상을 획득하는 과정의 전부가 아니라는 것은 뇌생리학의 연구에 의해서 밝혀졌다.

풍경의 체험을 뇌생리학적으로 설명하면 이렇다.

풍경 체험은 먼저 시각상의 획득으로부터 시작된다. 시각상은 세계가 방사하거나 반사하는 빛이 인간의 시각 체계를 통하여 뇌로 전달되어 처리됨으로써 형성된다.

우리 눈에 보이는 빛은 전자스펙트럼으로 400~700nm(나노미터, 전자스펙트럼의 단위로 10억분의 1미터의 길이) 사이에 있는 파장의 입자다.

이른바 가시광선이다. 400nm는 보라색이고 700nm는 적색이다. 인간이 보지 못하는 적외선 즉 700nm 이상의 파장을 볼 수 있는 동물이나 곤충도 있다.

꿀벌의 가시광선의 범위는 300~650nm라고 한다. 사람에게는 보이지 않는 자외광선을 꿀벌은 보고 있다는 뜻이다. 인간 역시 꿀벌이 보지 못하는 붉은색을 볼 수 있다. 아무튼 가시광선 범위 내의 빛을 우리는 보고 있다.

우리가 그저 눈꺼풀을 드는 간단한 행위만으로 빛에너지로 변한 이 세계는 안구의 각막에 부딪힌다. 각막은 외계의 광선을 구부리는 역할을 한다. 각막을 지난 광선은 동공에 다다른다. 동공은 그 크기를 조절하면서 렌즈로 가는 빛의 양을 조절한다. 마치 사진기의 조리개와 같다. 동공의 크기를 조절하는 것은 동공 가장자리에 붙어 있는 홍채가 담당한다. 동공을 지난 빛은 렌즈를 지난다. 렌즈는 가느다란 실처럼 생긴 모양근毛樣筋으로 둘러싸여 있다. 모양근은 렌즈의 두께를 조절하는 근육이며, 렌즈의 초점을 맞춘다. 렌즈를 떠난 광선은 안구를 지탱하는 초자액을 지나 비로소 망막에 도달한다.

눈에 들어온 빛에너지는 망막에 이르기까지 여러 가지 물질을 거쳐야 하기 때문에 각막에 들어온 빛에너지의 겨우 50% 정노가 망막에 투사된다. 망막은 종이 한 장 정도의 얇은 막이다. 세계의 시각상을 뇌로 전달하기 위해 빛에너지를 전기에너지로 바꿔주는 곳이다. 빛에너지는 망막의 제일 깊숙한 곳에 있는 수용기세포에서 전기에너지로 변환된다. 여기서 변환된 전기신호가 신경섬유를 통하여 뇌로 공급된다.

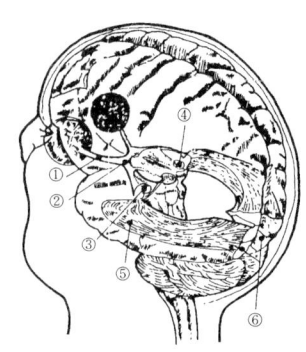

시각통로의 해부.(이인식,
『사람과 컴퓨터』에서 인용)
① 시신경
② 시신경교차
③ 외측슬상핵
④ 상구
⑤ 시방사
⑥ 시각피질

두 눈의 망막 좌측 반쪽에서 나온 시신경의 섬유다발은 시야의 우측 반쪽의 정보를 담고 시신경교차라는 곳에서 뇌의 좌측 반구로 보내진다. 마찬가지로 망막의 우측 반쪽에서 나온 시신경의 섬유다발은 시야의 좌측 반쪽의 정보를 담고 역시 시신경교차라는 곳에서 뇌의 우측 반구로 보내진다. 시야는 시신경교차라는 곳에서 두 개로 분리되어 대뇌로 전달된다.

그러나 망막에서 빛에너지가 전기에너지로 변환된 외계의 시각상이 시신경섬유에 실려 대뇌로 전달되기 직전에 외측슬상핵이라는 일종의 중계소를 거친다. 그곳은 시상(視床, 간뇌의 대부분을 차지하는 큰 달걀 모양의 회백질 덩어리)에 있다.

시상은 일종의 필터와 같은 역할을 하는 곳으로, 예컨대 주의를 기울이는 대상은 여기서 그 정보만 증폭된다. 마찬가지로 의미 없다고 생각되는 대상은 그 정보가 걸러진다.

'그는 전혀 아무것도 보지 않고 있었다. 생 빅투아르 산조차 보지 않는 것이다'고 세잔이 친구 가스케에게 일러바치는 농부의 무신경은 눈을 관통하는 생 빅투아르 산의 전기적 펄스에 있는 것이 아니라 둔감한 시상에 그 원인이 있는 것이다.

시각 정보는 시상을 통과한 다음 시각피질에 도달한다. 이것은 후두엽後頭葉에 있다. 여기서부터 비로소 뇌에서의 외계 시각 정보 처리가 시작된다.

시각 정보는 후두엽의 시각야視覺野라고 불리는 곳에서 크기, 형태,

색 등으로 분해된 후 다시 그 가까이에 있는 시각연합야視覺聯合野에서 통합된다.

눈앞에 있는 꽃을 바라보는 원숭이나 인간은 그 꽃이 방사하는 빛에너지가 각막을 통과하여 망막에서 전기에너지로 변환된 후 뇌의 후두엽에 이르렀을 때 비로소 꽃이라는 온전한 시각상을 인식한다. 그런데 그 꽃으로 시를 짓는 것은 지구상에 사는 생물 가운데 유일하게 인간만이 행할 수 있는 특별한 행위다. 꽃의 시각상을 풍경으로 여기는 데서 인간과 동물의 차이점을 엿볼 수 있다.

'본다'는 행위는 단순히 세계의 형태나 색, 모양을 변별하는 것이 아니다. 어떤 것을 보고 그것에 대한 태도, 즉 의미나 감정, 행동 등을 유발하는 것까지 포함한다. 다시 말해서 세계의 시각상이 아름답거나 그윽하거나 혹은 장엄한 풍경으로 탄생되는 것은 시각 정보라고 하는 감각 정보가 시각야에서 분석되어 시각연합야에서 통합되는 것으로 끝나는 것이 아니다. 뇌생리학의 연구 성과를 참고하여 시각상이 풍경으로 전환되는 기제를 간단히 살펴보자.

뇌에는 감각기관(청각, 시각, 촉각 등)의 정보가 처리되는 감각야感覺野와 운동기관으로 정보가 출력되는 운동야運動野가 있다. 그리고 기능적으로는 감각야와 운동야 사이에 있으면서 아직도 그 역할이 명확하게 밝혀지지 않은 연합야가 있다. 이 부위는 직접 정보를 처리하는 부위인 감각야와 신경섬유로 연결되어 있다는 사실이 어느 정도 알려져 있으므로 거기서 정보의 통합이 이루어질 것이라는 판단에서 연합야라 부른다.

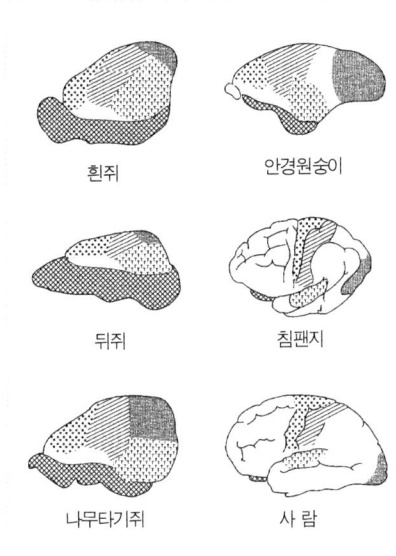

인간과 동물의 연합야.
인간과 같은 고등영장류의 연합야는 다른 동물과 비교가 되지 않을 정도로 뇌 전체에서 넓은 면적을 차지하고 있다.

연합야는 크게 세 부위로 나뉜다. 앞이마 부분을 차지하는 전두엽前頭葉에 있는 전두연합야前頭聯合野, 정수리 부위인 두정엽頭頂葉에 있는 두정연합야頭頂聯合野, 그리고 귀 윗부위의 측두엽側頭葉에 있는 측두연합야側頭聯合野가 그것이다.

왼쪽 그림(타치바나 타카시, 『뇌를 단련하다』에서 인용)은 여러 동물의 뇌에서 운동야, 감각야 그리고 연합야가 차지하는 영역을 나타낸 것이다. 진화의 과정으로 볼 때 영장류 이전의 동물인 흰쥐, 뒤쥐, 나무타기쥐의 뇌는 그 기능의 대부분이 감각야와 운동야로 되어 있다.

영장류 가운데 인간과 가장 가깝다는 침팬지의 뇌는 다른 동물에 비하여 비교적 연합야가 확대되어 있다. 그러나 인간과 같은 고등영장류의 연합야는 다른 동물과 비교가 되지 않을 정도로 넓은 면적을 차지하고 있음을 알 수 있다. 뇌생리학자들에 따르면, 연합야는 고등동물로 진화할수록 뇌 전체에서 차지하는 비중이 크다고 한다.

오른쪽 그림(존 에클스, 『뇌의 진화』에서 인용)은 뇌의 개체 발생 순서를 숫자로 나타낸 것이다. 존 에클스는 이 그림에서의 흰 부분이 수초 형성이 가장 늦은 영역, 즉 뇌 가운데 제일 마지막에 완성되는 부분이라고 했다. 이 그림을 만든 독일의 신경학자 플레흐지히는 이 부위를 종말영역이라고 했는데 이것이 앞서 말한 연합야다. 이처럼 연합야는 인간의 뇌에서 가장 마지막으로 완성되는 곳이다.

전두엽은 진화론적으로 말하면 인간에 가까워지면서 점점 커진 부위다. 사람의 뇌에서 1/3을 차지하고 있으며 사람에게만 특별히 발달한 부위이므로 동물 실험 등으로 그 부위의 역할을 알아낼 수 없는 어려움이 있어 아직도 미지의 부위로 남아 있다.

1930년에서 1960년에 걸쳐 어떤 정신 이상 환자를 치료하기 위해 전두엽의 전두전야 부위를 절제하는 로보토미lobotomy 수술을 한 적이 있다. 이 수술로 심한 불안이나 이상 행동이 완화되어 이 수술의 개발자에게는 노벨상이 수여되었다. 그러나 이 수술을 받은 환자에게 장기간에 걸친 인격 변화가 일어났다는 사실이 뒤늦게 밝혀졌다. 그는 일할 의욕을 잃고, 실패에 개의치 않게 되고, 적극성이 없어졌으며, 자발성이 결여되고, 무기력해지고, 억제력과 야심이 결여된 모습을 보였다.

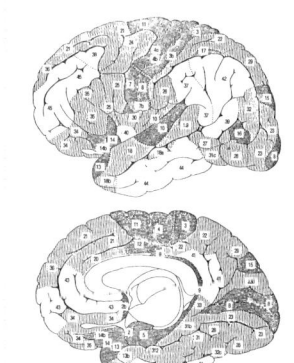

일에 대한 흥미, 실패에 대한 두려움, 계획성, 적극성, 자발성, 기력, 의욕, 자기 억제, 야심 등은 인간이라면 정도의 차이는 있을지언정 누구나 다 가지고 있는 것이다. 그러나 동물에게는 이러한 요소가 결여되어 있다. 인간답다고

뇌의 개체 발생 순서.
흰 부분이 뇌의 가장 마지막에 완성되는 부분, 곧 연합야다.

하는 것은 이러한 요소들을 지닌 생활 태도에서 비롯된다. 이런 태도는 뇌의 건강한 전두엽에서 비롯된다.

전두엽의 기능은 사고, 창조, 의사의 결정에 관계하고 있다. 세계의 시각상을 풍경이라는 독특한 문화 양식으로 창조하는 태도가 동물에게는 없는 인간다운 것이라면 그것은 아마 획기적으로 진화한 전두엽 덕택일 것이다.

전두엽에서 통합되어 행동으로 드러나는 능력은 대개 그 사람이 타고나는 것이다. 그러나 가정교육, 학교교육, 사회교육을 통해 각자가 어릴 때부터 지니고 있던 재능이 통합·발전된다.

사소한 시각상에서 인생의 깊은 의미까지 통찰하는 철학자나 예술가의 혜안은 이미 타고난 것이다. 그러나 그들 역시 각고의 노력을 통해 전두엽의 연합기능을 보다 예리한 것으로 발전시켰다고 봐야 한다.

생물은 외계로부터 입력된 시각 정보를 시각피질에서 분해, 통합하여 시각상을 얻는다. 풍경 감상은 현존하는 세계가 눈의 망막에서 전기신호로 변환되어 뇌라고 하는 내적 세계에서 재창조되는 특이한 세계 체험이다. 이것은 동물에게는 없는 것으로, 인간으로 진화되어 오는 과정에서 획득한 고도의 세계 해석 수법이다. 다시 말해서 풍경 체험이란 인간으로 진화되면서 획득한 특이한 세계 체험의 양식인 셈이다.

달을 보고 있는 개와 주인의 시각피질에는 동일한 시각상이 처리된다. 그러나 그것을 보고 개는 으르렁대는 반면에 주인은 그리운 임을 떠올리며 눈물 짓는다면 그 차이는 감각 정보를 재창조하는 연합야의 크기와 기능이 다르기 때문에 발생하는 것이라 할 수 있다. 마찬가지로 생 빅투아르 산을 앞에 둔 농부와 세잔의 감수성의 차이를 뇌생리학적 소견으로 해석하면, 오로지 전두엽과 두정엽과 측두엽에 자리한 연합야의 기능 차이로 수렴할 수 있다.

그러나 세잔이 말년에 그린 생 빅투아르 산이 초기의 그것과 비교할 수 없을 만큼 원숙한 구성과 색상을 보이며 보는 이에게 영감을 주는 것은 세잔 역시 오랜 시간을 두고 그의 감수성을 절차切磋하여 뇌의 연합야를 갈고 닦아 왔다는 것을 말해준다.

처음부터 좋은 풍경을 골라내는 사람은 없다. 풍경 감각은 학문과 마찬가지로 절차탁마해야 하는 것이다.

풍경의 이름을 불러줄 때

결연結緣의 미학, 풍경

풍경의 언어, 언어의 풍경

팔경, '여기기'의 경관 설계술

결연結緣의 미학, 풍경
나와 관계를 맺을 때 의미를 지니는 풍경

기왕 댁에서는 늘 보았고 岐王宅裏尋常見
최구 집 뜰에서는 몇 번이나 들었던가 崔九堂前幾度聞
때마침 강남의 멋진 풍경 正是江南好風景
낙화 시절에 또 그대를 만나다니 洛花時節又逢君
- 두보, 강남에서 이구년을 만나다〈江南逢李龜年〉

이구년은 현종 황제의 궁정 성악가다. 현종은 풍류를 즐겼고, 무엇보다도 음악을 좋아했다. 궁중에는 황제 직속의 가무단이 있었는데 이구년은 가장 뛰어난 남성 가수였다.

현종의 아우인 기왕의 집에서 열리는 연회에는 시인과 문인들이 초대되곤 했다. 두보도 초대객 중 한 사람이었다. 거기에는 이구년이 언제나 와 있었다. 그래서 그들은 자주 만났다. 그 뒤, 최구의 집 대청 앞뜰〈堂前〉에서도 두보는 이구년이 부르는 노래를 들었다.

난을 피하여 방랑하고 있는 현재와 대비되는 행복한 시절이었다.

그러나 45년간의 태평시대는 안록산의 난으로 산산조각이 났다. 난을 피해 열두 해나 방랑 생활을 하던 두보는 생애를 마감하는 해, 강

부석사 무량수전 앞 풍경.
'풍경'은 원래 바람〈風〉과 태양빛〈景〉을 가리키는 말이었다.

남에서 우연히 이구년을 만난다. 그 역시 난을 피해 강남으로 온 상황이었다. '강남의 멋진 풍경' 속에 서 있는 이구년을 만났을 때 한꺼번에 밀려든 감회가 이 시에 남겨 있다. 두보 나이 49세 되는 해였다.

위의 시에서 말하는 풍경이란 지금 우리가 사용하는 의미인 세계의 시각상을 일컫는 말이 아직은 아니다. 단지 바람〈風〉과 태양빛〈景〉을 가리킨다.

양자강 남쪽인 강남은 남쪽 지방 특유의 밝은 햇빛이 있고 상쾌한 바람이 분다. 다시 말해서 '멋진 풍경'은 강남이라는 장소의 아름다움을 이르는 것이 아니라, 살갗을 건드리는 관능적인 바람결과 가장 높은 명도로 대지에 내리쬐는 맑은 태양광을 가리킨다. 오랜만에 만나는 이구년은 그런 상쾌한 바람과 단속적으로 반짝이는 태양광선이 유난히 인상적인 강남에 서 있었던 것이다. 이 특석인 장면을 감싸고 있는 대기大氣를 두보는 풍경이라는 말로 표현했다.

풍경은 두보에 앞서 5세기초 도연명의 시에서 사용되었다고 한다. 도연명의 시를 읽은 당시의 중국인들은 아마 그때까지 그다지 의식하지 않았던 바람과 태양광이 빚어내는 세계의 시각상을 비로소 자각하기 시작하였을 것이다. 새로운 언어가 생겨나는 것은 다소 거창하게 말하면 지금까지 이 세계에는 없던 것이 탄생하는 것과 같다. 언어가 세계 인식을 강제한다는 말에 동의한다면, 풍경이라는 말이 탄생한 순간 우리 눈에 보이지 않던 바람과 수시로 변하는 태양광이 특별한 의미를 가진다.

풍경은 중국인의 위대한 발명품이다. 풍경이라는 언어를 수입한 한자문화권의 사람들은 바람과 태양광에 따라 섬세하게 변하는 사물의 아름다움을 함께 들여온 것이다. 우리나라도 중국에서 풍경이라는 한자말과 함께 세계를 보는 방법을 수입하였다.

풍경과 그 유사어의 의미를 황기원의 연구 「경景과 관련 술어의 개념에 관한 고찰」(한국조경학회지 22(4), 1995)을 참조하여 알아보자.

풍경에서 중요한 말은 경景이다. 경은 해日와 서울京을 합친 말이다. 그래서 경은 서울 하늘에 떠 있는 해의 모습이다. 햇빛은 사물을 비추어 그것을 볼 수 있게 해준다. 가시광선에 의해 그 형상이 드러나는 사물의 의미가 경이라는 말에는 포함되어 있다. 가시可視라는 말은 시각을 가지고 보는 주체의 존재를 전제로 하고 있다. 따라서 경에는 '보다'라고 하는 관觀이 포함되어 있다. 나중에 경관景觀이라는 말이 자연스레 사용되는 것도 경이라는 말에 이미 보는 사람의 존재가 내포되어 있기 때문이다.

경은 사람에 의해 보여지는 세계를 의미하는 한편 '상서로운'이란 의미로도 쓰인다. 경광景光은 상서로운 빛, 즉 상광祥光이라는 의미로도 사용된다는 점에서 평범하지 않은 대상, 비범한 깃, 아름다운 시각상을 지칭한다.

풍경이라는 말이 바람과 빛의 합성이라는 것은 이미 언급했다. 이와 유사한 말로 풍광風光이 있다. 『사해辭海』에는 광光의 의미를 '밝다' 외에도 넓다〈廣〉, 크다〈大〉, 영광스럽다〈榮〉 등으로 표기하고 있다. 이는 경과 같은 뜻이다. '춘광春光이 덧없신줄 넨들 아니 짐작ᄒ랴'(이항복)라는 시구에 쓴 춘광은 봄의 경치를 말한다. 이는 춘경春景으로 써도 되는 말이다. 강의 경치를 강광江光, 산의 경치를 산광山光이라고 표현하는 것은 풍경과 풍광이 동일한 의미라는 것을 전제하고 있다.

그런데 위에서 경은 사물의 시각상을 일컫는다고 했다. 경을 세계의 시각상을 지칭하는 뜻으로 사용하면서부터 풍경이란 말은 바람과 태양빛에서 지금 우리가 사용하는 경치의 의미로 확대되었을 것이다. 다만 경이 객관적인 세계를 가리키는 데 비해 광경, 경광, 풍경, 풍광은 예사롭지 않은 특별한 상황을 가리킨다고 할 수 있다.

경치景致라는 말이 있다. 이때 치致는 운치韻致, 풍치風致라는 뜻으로 사용된다. 따라서 경치는 '운치가 있는 경' 또는 '정취가 있는 경'이다. 또 치는 '하는 데까지 다하다'의 의미이므로, 경치는 '매우 아름다운 경'이라고 말할 수 있다.

경개景槪라는 말은 개槪가 경물이나 상황을 의미하므로 객관적인 시각상을 지칭한다. 산천경개山川景槪라는 말은 산천의 경치를 의미한다.

승경勝景, 경승景勝, 승지勝地라는 말도 있다. 여기서 말하는 승勝은 '이기다', '더 낫다'의 뜻으로 경치가 '특히 좋은 곳'을 가리킨다.

그러나 세계의 시각상을 표현하는 이와 같은 말들은 근대 이후에 와서 문학적인 수사로서만 사용되고, 도시 건설이나 자연 환경의 보존 등 국토의 시각 환경에 대한 용어로는 경관景觀이라는 새로운 말이 사용된다.

경관은 일본인 식물학자 미요시 마나부〈三好学〉가 독일어 란트샤프트Landschaft를 일본어로 번역하면서 통용된 말이다. 이때 경관이라는 용어에는 일정한 범위의 식생이나 지형 등 토지의 상태를 객관적으로 기술하려는 의도가 들어 있다. 이 용어가 근대화 이후 우리나라에 들어오게 된다.

영어의 랜드스케이프landscape도 경관이라고 번역한다. 랜드스케이프가 한정된 일정한 토지landscipe에서 온 말이므로 독일어의 란트샤프트와 동일한 의미다. 지리학에서는 랜드스케이프를 문화적, 생산적 결집 지역으로 인식하기도 한다.

그런데 랜드스케이프는 애초에는 '중세 시대에 특정한 영주가 지배하는 구역 또는 특정 집단에 속하는 사람들이 거주하는 구역'의 의미로 사용되었다. 어쨌든 이 용어는 17세기에 풍경화landscape painting가 등장하기까지는 지금과 같은 시각상을 지칭하는 '경관'의 의미로 사용되지 않았다. 풍경화란 토지landscape가 그림painting 속에서 감상되는 것이다. 즉 토지 그 자체가 아니라 토지와 그것을 바라보는 사람 사이의 일정한 거리 관계에 의해 형성되는 이미지다. 이때 비로소 풍경이라는 개념이 랜드스케이프에 함의되는 것이다.

이렇게 해서 형성된 랜드스케이프라는 말을 우리는 일본인 식물학자의 '경관'이라는 표현을 따서 번역하였다. 그리하여 경치, 경개, 또는 풍경, 풍광으로 표현되던 도시 또는 자연의 아름다움을 이제는 도시 경관 또는 자연 경관, 하천 경관으로 부르게 되었다. 이제 경관은 사물의 객관적인 시각상을 의미하는 과학용어로 자리하게 되었는데, 여기에는 근대 이후의 세계관인 세계를 객관적으로 바라보려는 의도가 숨어 있다.

오해를 무릅쓰고 과감하게 정리하면, 세계의 시각상을 일컫는 말은 풍경에서 경관으로 변화되어 왔다고 할 수 있다. 이 과정에서 바람을 의미하는 풍風이 파기되고 순수하고 객관적인 사물의 모습인 경〈景, 이 말에는 이미 관觀이 포함되어 있다〉만이 살아남았다.

바람과 태양광에 의해 순간적으로 드러나는 아름다움을 지시하는 풍경이라는 언어보다 객관적인 시각상인 경관이라는 언어가 득세하게 된 이유는 균일성과 환원성, 등가성이라는 세계 해독의 문법을 국토의 시각상에도 적용해야 하는 시대적 요청이 있었기 때문이다. 이 문제를 좀더 생각해보자.

> 자목련이 흔들린다.
> 바람이 왔나보다.
> 바람이 왔기에
> 자목련이 흔들리는가보다.
> (중략)
> 저렇게 자목련을 흔드는 저것이
> 바람이구나.
> — 김춘수, 「바람」

경이라는 말이 애초부터 보는 사람〈觀〉이 포함된 것이라고 한다면, 풍경이라는 말보다 경관이라는 용어가 우세하게 된 상황의 기저에는 세계를 객관적으로 파악하려는 근대적 세계관이 깔려 있다. 바람과 태양이 이루어내는 찰나적이고 표피적인 아름다움을 지칭하는 언어인 풍경 대신 경관이라는 언어를 취할 때 우리는 누구에게나 등가적이고 객관적인 세계의 시각상만을 인식의 대상으로 삼는 것이다.

따라서 풍경에서 경관으로 그 용어가 변한 것은 대상 인식의 명료성과 등가성을 획득한 대신 풍경이란 말이 함의하고 있는 특유의 가치가 누락되었음을 의미한다. 물론 이러한 사정에는 여태까지 예술적인 감상의 대상이었던 국토 공간을 공공재公共財로 여기게 됨으로써 그 공간 이용의 합의 도출을 위해 객관적이고 합리적인 시각상의 파악이 필요하다는 시대적 요청이 있음을 부인하지는 않는다. 실은 문제는 거기에 있다. 이 문제를 보다 극명하게 드러내기 위해 풍경이라는 용어가 함의하고 있는 특유의 가치를 생각해보자.

풍경은 앞서 언급했듯이 바람과 세계의 시각상으로 된 언어다. 바람은 자기를 스스로 드러내지 못한다. 장자莊子는 바람을 '대지가 내뿜는 숨'이라고 했지만, 그 숨이란 눈에 보이는 것이 아니다. 자연 풍경을 표현할 수 있는 위대한 문자를 발명한 중국인은 바람 풍風을 돛대 범凡과 벌레 충蟲으로 상형하였다. 순풍順風을 가득 안은 배의 돛대와 바람에 실려 이리저리 날아다니는 벌레, 어느 것이든 무형의 바람이 자기의 실체를 드러내기 좋은 대상이다.

바람은 자력으로 가시可視되지 않는다. 김춘수 시인이 위의 시에서 노래한 것처럼 바람은 자목련의 몸을 빌어야만 스스로를 드러낼 수 있다.

강희안이 그린 「고사관수도」의 정경이 청량감이라는 피부감각을 동

강희안, 「고사관수도」.
시원한 바람이 물가로 뻗어내린
만경식물을 둥글게 말아올리면서
고사高士의 얼굴을 살짝 건드리는
장면으로 청량감을 동반한다.

반하는 것은 물가로 치렁치렁 뻗어내린 만경식물蔓莖植物을 둥글게 말아올리면서 고사(高士, 세속에 물들지 않은 선비)의 얼굴을 살짝 건드리는 시원한 바람 때문이다.

바람은 타자의 몸을 빌어 자기를 드러낸다. 그것은 타자와 절묘하게 맺어지는 순간 비로소 실체를 가지게 된다. 그래서 바람은 모호하다. 풍경이라는 언어는 바람이 내포하고 있는 모호성, 타자 의존성이라는 결연結緣의 미학을 함의하고 있다. 사물의 가치가 다른 사물과의 관계에 의해 비로소 탄생한다고 하는 공성空性을 풍경이라는 낱말은 함의하고 있다.

경관이라는 낱말은 모호성과 유동성, 주관성에 등을 돌리고 객관적인 세계의 포착捕捉은 달성했지만, 세계와 사람과의 관계 또는 사물들끼리 서로 관계를 맺음으로써 가치가 발생된다는 관계의 미학은 놓치고 말았다. 그래서 경관이라는 낱말에는 이 세계의 의미를 물건의 나열로만 여기고 경제적 가치로만 계량하려는 천박한 사고가 숨어 있다고 감히 말하고 싶다.

풍경이라는 낱말의 가치를 폄하하고 경관만을 고집할 때 우리는 고향 산하의 풍경을 사물의 나열로 환원하게 된다. 그 풍경의 가치는 등가의 다른 사물과 대체 가능하다는 점을 인정해 버리게 되는 것이다. 어떤 장소에 생태적인 귀중성이나 학술적인 희귀성이라고 하는 잣대를 들이대는 태도 역시 그곳의 가치를 상대적인 중요성으로 서열화하려는 의도를 보이는 것이다.

그러나 풍경이란 그런 것이 아니다. 예를 들면 이런 것이다. '우리

주변에는 무엇인가가 있다'가 아니라 '아무것도 없다'가 특징인 해변이나 야산 혹은 마을이 있다. 그곳은 국제적으로 높은 평가를 받는 해양생물이나 육상동물이 있는 것도 아니고, 생태학적인 특징이나 학술적인 가치와도 거리가 멀다. 이름 있는 명승지도 아니다. 그러나 그 풍경이 자기에게 있다고 하는 의식, 그 풍경과 관계하고 있다는 의식이 사람들 마음 속에 자리하고 있다면 그곳은 그 어떤 것과도 비교할 수 없는 훌륭한 풍경이 된다.

그 풍경을 아끼고 지키려는 것은 객관적으로 거기에 있는 자연물을 지키는 운동이 아니다. 우리의 생활사 속에 새겨진 지역의 풍경, 고향의 풍경, 기억의 풍경을 지키는 행동이다. 지켜야 할 풍경은 세계 그 자체가 아니라 오히려 세계와의 관계다.

이처럼 사물의 나열이 아니라 사물들이 서로 관계하고 또 나와 관계를 맺을 때 비로소 생성되는 것이 풍경이다. 그래서 지켜야 할 풍경은 우리들의 추억과 애착이 담겨 있어서 다른 사물과 대체 불가능하다.

그 풍경은 귀중성과 희귀도를 따지는 과학적 합리주의만을 유일한 가치로 생각하는 이들에게는 한 줌의 곡식에 불과한 것이겠지만, 그것과 관계를 맺고 살아온 사람들에게는 삶의 영속성을 든든히 담보하는 한 움큼의 씨알이다. 국토 공간을 풍경이라는 사상으로 바라보아야 하는 이유가 여기에 있다.

두보는 이구년이라는 사람의 실재감을 그가 서 있는 장소나 사물들의 배열이 아니라 바람과 빛이라고 하는 손에 쥐어지지도 않는 풍경으로 표현했다. 명망가의 저택이나 나무 그늘, 물가, 길거리 등 어떤 장소나 사물보다 바람과 밝은 빛〈風景〉이 아름다운 추억을 상징하는 이구년과 썩 잘 어울렸던 것 같다. 피난처 남방지방의 자명한 바람과 맑은 태양이 우연히 만난 이구년과 관계를 맺는 순간 강남은 두보에게 일생을 두고 잊을 수 없는 장소가 되었다. 잊을 수 없는 풍경이란 이렇게 생성되는 것이다.

   바람과 맑은 빛의 의미로 사용한 풍경이라는 말이 천 년의 세월이 지난 지금 세계의 시각상의 의미를 새삼 생각하게 하는 화두가 된 것을 두보가 알게 된다면 뭐라고 말할까. 적어도 풍경이라는 말에 들어 있는 바람의 결연성結緣性은 납득할 것이다. 세계의 의미가 마치 자목련을 흔들며 자기의 존재를 드러내는 바람과 같이 유동적이고 공空이라는 것을, 누구보다도 오랜 피난 생활을 겪은 두보 자신이 더 잘 알고 있을 테니까 말이다.

풍경의 언어, 언어의 풍경
인상에 남기 쉬운 풍경과 언어의 역할

노목老木은 푸르러 양 언덕에 솟구치고
고촌孤村은 적막하여 한 시내만 흐른다
무릉동武陵洞 그 속에서 사람이 젓대를 부니
칠리탄七里灘 탄두灘頭에서 나그네 배에 기댄다
— 정선의 그림 「정자연」에 대한 이병연의 제화시題畵詩

정자연亭子淵은 강원도 평강군 남면 정연리에 있다. 겸재 정선은 그의 나이 36세(1711) 되던 해에 정자연에 들러 그곳의 풍광을 그린다. 겸재는 금화현감인 사천槎川 이병연李秉淵의 초청으로 금강산에 가는 길이었다. 깊은 소沼를 끼고 있는 절벽 위에 서 있던 정자 '창랑정滄浪亭'이 정자연이라는 명칭의 연원이다. 겸재가 들렀을 때는 정자가 난으로 불타 없어져버린 후였다.

이 정자연을 최완수는 이렇게 소개한다.

"평강에서 남동쪽으로 40리 가까이 떨어져 있어 오히려 금화에 가까운데 함경도 안변과 경계를 이루는 분수령 이쪽의 물들을 모아오는 말흘천末訖川이 흘러내리다 금화 접경에서 10리 절벽 아래 소沼를 모아둔 곳이다."(최완수, 『겸재를 따라가는 금강산 여행』)

정선, 「정자연」. 여기서는 우선 길게 늘어서 있는 절벽이 눈에 띈다. 이때 이 절벽은 형태심리학에서 말하는 '그림'이 된다.

　겸재의 「정자연」을 보고 있노라면 우선 길게 늘어서 있는 절벽이 눈에 띈다. 절벽과 이쪽 사이에 말흘천이 여울지며 흘러간다. 여울을 나타내는 물결무늬인 탄파문灘波文이 긴 절벽을 따라 흐르는 수면 위에 보인다. 그 길이는 7리나 되는지 이병연의 제화시에는 이곳을 칠리탄七里灘이라 했다. 정자연의 '연淵'은 깊은 물을 뜻한다. 칠리탄이 제법 깊은 모양이다.

　말흘천 이쪽에는 노송과 낙엽수로 둘러싸인 초가집 두 채가 있다. 간단한 싸리담장이 인상적이다. 창랑정 주인이 사는 집일 것이다. 그 초가집 아래쪽, 강턱에 빈 배가 걸려 있다. 사람이 타고 있지 않으나 노가 걸려 있는 것으로 보아 집주인이 자주 이용하는 듯하다.

　「정자연」을 이런 식으로 감상한다고 할 때 우리는 먼저 길게 늘어서 있는 절벽을 보게 된다. 절벽을 보기 위해 시야를 넓게 하고 그 외의 경물을 의식에서 멀리하면서 절벽만을 의식의 중심에 둔다. 이때 절벽은 형태심리학에서 말하는 '그림〈圖〉'이 된다. 그리고 그 외의 경물은 '배경〈地〉'이 된다. 이처럼 현실의 풍경 체험에서도 그림과 배경의 분절은 일어난다.

그런데 절벽을 볼 때 배경으로 있던 말흘천의 여울로 눈길을 옮기는 순간, 이제는 그 여울의 탄파문이 그림이 된다. 절벽이 배경이 되는 것은 물론이다. 그림과 배경의 반전이 일어나는 것이다.

시선을 말흘천 건너편으로 옮기면 초가집 두 채가 눈에 띈다. 절벽과 여울을 보던 시선을 이동함에 따라 그림과 배경의 관계가 순식간에 역전한다. 다시 눈을 옮겨 빈 배가 있는 곳으로 시선을 던지면 여울을 배경으로 떠 있는 배가 보인다. 이제 배의 배경으로 있는 수면으로 눈을 돌려보자. 배의 배경으로 있을 때와 같은 것으로 보이는가 하면 그렇지는 않다. 물살이 빠르고 수면의 결이 거친 곳은 여울〈灘〉이라고 한다. 칠리탄이라는 지명은 말흘천의 여울이 절벽의 길이만큼 길다는 데서 온 것이리라. 여울은 물살과 강바닥의 재료와 수심과 유속이 적절하게 어우러져 그것이 수면에 풍경으로서 드러난 것이다. 이처럼 의식과 시야의 신축에 따라 그림과 배경의 관계가 계층성을 지니게 된다.

그러나 절벽에 가까운 곳의 수면은 잔잔하다. 강바닥이 얼마나 깊은지, 수면을 보아서는 물이 흐르는지 고여 있는지를 구분하기 힘들다. 이러한 곳을 소沼라 하고, 더 깊은 곳을 연淵이라 한다. 정자연이란 이와 같이 물의 수면에 드러난 미세한 표정을 소沼, 탄灘, 연淵으로 구분하는 의식야意識野와 시야를 가진 사람이 지은 이름이다. 이런 명명 행위에서 알 수 있듯이 배경은 절대적이거나 항상 등질인 것이 아니다.

도형의 경우는 그 윤곽선이 닫혀 있는 경우가 그림으로 지각된다. 그러나 현실의 풍경에서는 반드시 폐합되지 않은 것도 그림으로 지각된다. 예를 들면, 「정자연」에서 보는 여울은 수면의 결이 거친 부분을 이르는 말이지만, 그것의 경계부는 도형의 경우와 같이 윤곽선이 분명하지 않고 모호하다. 오히려 그 경계부는 소나 연과 겹쳐져 있다. 그림의 윤곽선이 배경과 분리되는 도형의 경우와 달리 현실의 풍경에서는 그 경계부가 모호하고 그림과 배경이 상호 침윤적이다.

그런데 여기서 하나 주의해야 할 것은 현실의 풍경에서 그림으로 지각되는 것이 반드시 형태적으로 특이한 것만은 아니라는 점이다. 오히려 그 풍경을 보는 사람의 심미적 교양에 따라 풍경의 그림이 다양하게 지각되곤 한다. 심미적 교양이라고 해서 예술적 소양이나 예리한 감수성만을 의미하지는 않는다. 단순히 풍경을 변별하는 언어를 많이 아는 것만으로도 풍경을 풍요롭게 체험할 수 있다.

예컨대 정선의 「금강산도」가 예리한 바위산들이 화면 가득히, 그리고 만연蔓延하게 펼쳐져 있는 듯이 보이는 데 반해 「금강산내총도」에 그러신 봉우리들이 비교적 명료하게 시인視認되는 것은 중요한 봉우리의 이름이 적혀 있기 때문이다. 이름으로 지시된 사물이 그렇지 않은 것에 비해 그 풍경을 체험하는 인간의 의식을 끌어당기기 쉽다. 물론 그 지명에 얽힌 의미를 아는 사람에게는 그 풍경이 더 각별하게

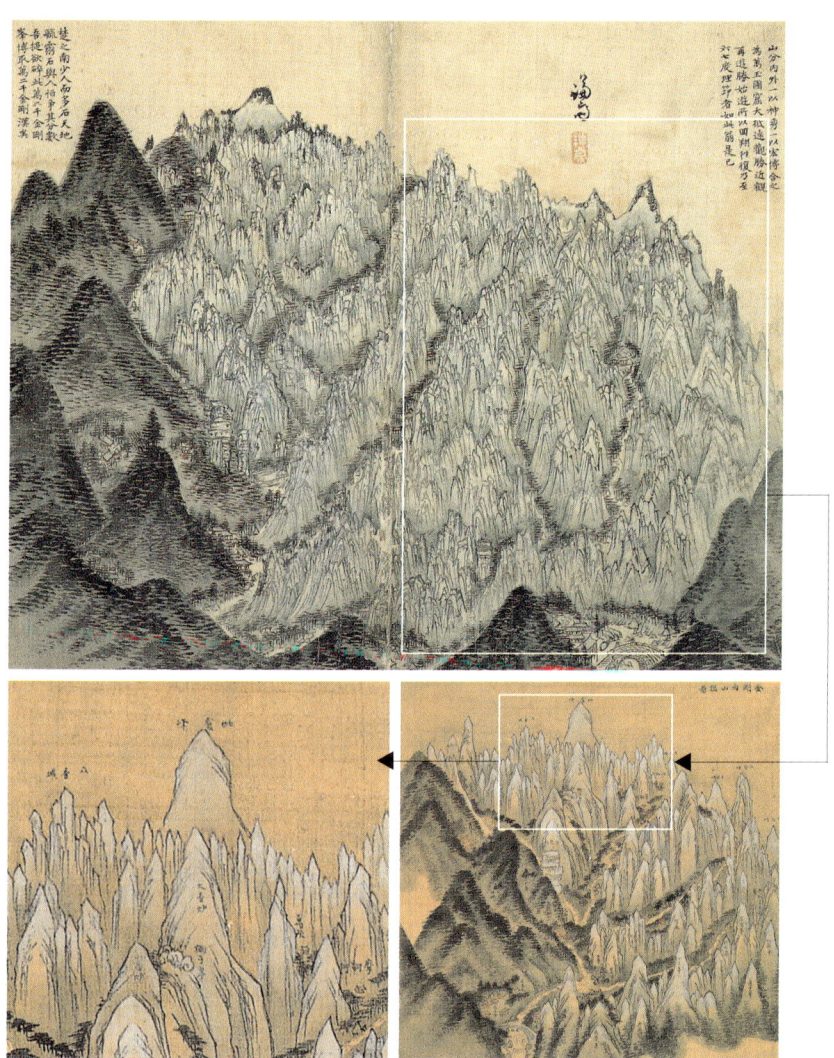

정선의 「금강산도」(위)에 그려진 봉우리가 만연하게 보이는 데 반해 「금강산내총도」(아래 오른쪽)에 그려진 봉우리가 비교적 명료하게 보이는 이유는 중요한 봉우리의 이름이 적혀 있기 때문이다. 「금강산내총도」는 「금강산도」의 표시 부분을 그린 것으로 보인다.

체험된다. 지명 하나를 아는 것에 불과하지만 이전과는 전혀 다른 풍경을 체험하게 되는 것이다. 언어의 주술성이라고나 할까. 이 문제를 차근차근 살펴보자.

우리 눈앞에 있는 세계는 빛에너지가 망막을 때리면서 비로소 보이기 시작한다. 빛은 물리학에서 전자방사선이라고 한다. 이 전자방사선은 물결 모양〈波形〉이고 서로 파장이 다른데, 이 파장들을 전자스펙트럼이라고 한다. 사람의 시각 체계는 보라색으로 보이는 400nm에서 적색으로 보이는 800nm 사이에 있는 파장의 입자에만 반응한다. 이른바 가시광선이다. 우리는 400~800nm에 이르는 이 연속적인 전자스펙트럼을 한꺼번에 볼 때가 있다. 무지개다.

보라색에서 붉은색에 이르는 연속적인 전자스펙트럼을 우리는 무지개라 하고 이를 일곱 가지 색으로 분절한다. 연속적인 단조段調를 단지 일곱 색의 띠로 나누어 잇는 것이다.

그러나 무지개는 어느 언어권에서나 일곱 가지 색으로 분류되는 것은 아니다. 영어는 이를 여섯 가지로 분류한다. 놀랍게도 아프리카의 바싸어는 무지개를 구성하는 색을 두 가지(hul, ziza)로 말한다. 극단적으로 말하면 이들 언어권의 사람들은 그들의 언어가 정의하는 가짓수의 색으로 무지개를 본다. 무지개를 재현하는 그림이 언어권에 따라 다른 것은 당연하다. 바싸어를 사용하는 부족은 비가 갠 후 하늘에 선연히 걸려 있는 두 줄기의 무지개를 볼 것이다.

우리가 보고 있는 것은 객관적인 세계가 아니라 우리가 사용하는 언어에 의해 만들어진 주관적인 세계다. 벤자민 워프는 다음과 같이 말한다.

"우리들은 자연을 우리들의 모국어가 그어놓은 선에 따라 분할한다. 우리들이 현상 세계에서 끄집어내는 카테고리나 유형은 자연 그 자체에서는 끄집어낼 수 없다. 그것과는 반대로 세계는 만화경적인 인상의 흐름이므로 우리의 마음이 그것을 조직화한다. 그것은 우리들 마음 속의 언어 체계에 의한 것이라고 할 수 있다. 우리들은 자연을 분단하고 그것을 개념으로 조직하여 우리가 지금 하고 있는 것과 같은 의미 부여를 한다. (중략) 어떤 사람도 자연을 무색 투명하게 서술하지는 못한다. 자기가 극히 자유롭다고 생각할 때라도 어떤 유형의 해석을 강요받고 있는 것이다."(에드워드 홀, 『숨겨진 차원』에서 재인용)

물론 이러한 생각은 워프가 처음이 아니다. 언어와 문화와의 관계를 가장 먼저 강조한 인류학자는 프란츠 보아즈다. 그는 영어에는 눈〈雪〉을 지칭하는 말이 snow와 slush밖에 없는 데 반해, 에스키모어에는 수십 개나 있으며 이 단어들이 눈의 각기 다른 상태를 지시하고 있다는 사실을 지적하면서 동일한 물리적 대상이 언어권에 따라 다르게 인식된다는 점을 강조했다. 이른바 언어상대성설이다.

워프는 인식의 구조는 인식자가 지니고 있는 특정 언어 체계의 구조에 의해 규정된다고 주장했다. 이 언어상대성이론을 워프와 그의 스승이자 조언자인 새피어가 주장하기 시작했으므로 그들의 이름을 따서 새피어-워프 가설이라고 한다.

그런데 이를 가설假說이라고 하는 것은, 영어를 사용하는 사람과 영어와 문장구조가 완전히 다른 언어를 사용하는 사람은 그들이 사용하는 언어의 문장구조 차이만큼 사고체계도 서로 다르다는 이들의 주장이 아직 제대로 입증되지 못했기 때문이다.

언어가 세계 지각에 막대한 영향을 끼친다는 사실을 카마이켈의 다의도형多義圖形의 명명과 재생 실험의 결과로도 확인할 수 있다.

오른쪽 도표(후지나가 타모츠〈藤永保〉, 『언어와 사고』에서 인용)의 중앙에 제시한 다의도형을 두 곳의 다른 실험실에 모인 피실험자에게 각각 다르게 명명한 후 보여주었다. 그리고 그 모양을 기억한 다음 재생하도록 하였다. 그 결과를 요약한 것이 재생도다. 처음에 보여준 도형의 객관적인 모습과는 달리 그 이름에 따른 모양으로 재생한 것을 볼 수 있다. 이 결과를 통해 추상적인 도형이 기억 속에 저장될 때에는 눈앞에 보이는 도형의 정확한 형태가 아니라 명명된 명칭이 내포하고 있는 개념상이 더 강하게 작용한다는 것을 알게 된다.

이 실험은 도형의 재생에 영향을 미치는 언어의 역할을 실증한 것으로, 언어가 인지 과정에 작용한다는 것을 보여준다. 다시 말해서 우리는 세계의 순수하고 객관적인 모습을 보고 있는 것이 아니라 우리의 의식을 지배하는 언어에 의해 형성된 개념상을 보고 있는 것이다.

이와 같은 인류학적 소견을 바탕으로 해서 풍경과 언어의 문제를 생각하면 풍경을 체험할 때에도 그 사람의 언어 역량이 체험의 질을 좌우한다고 말

다의도형의 명명과 재생 실험 결과

재생도	명명	원그림	명명	재생도
병	병		등	등
달	달		문자 C	C
벌통	벌통		모자	모자
안경	안경		아령	아령
총	총		빗자루	빗자루
2	2		8	8

할 수 있다. 우리말을 예로 들어 생각해보자.

우리말에는 비와 관련된 낱말이 유독 많다. 가랑비, 가을비, 겨울비, 구름비, 꽃비, 달비, 는개, 단비, 모종비, 목비, 발비, 빔비, 보슬비, 봄비, 산비, 소나기, 억수, 장마, 찬비 등. 이렇게 비와 관련된 언어가 많은 것은 몬순 특유의 기상 현상과 농경문화가 만들어낸 특유의 문화 현상일 것으로 추측하지만, 강우 현상을 '비' 한마디로 일괄하는 민족과는 전혀 다른 세계에 살고 있는 것은 분명하다. 마찬가지로 낙타를 수십 개의 언어로 변별하고 있는 아라비아 사람과 우리는 분명 다른 세계를 보고 있는 것이다.

가라, 가래, 가러, 가로, 가리, 까래, 각시피리, 각씨피리, 간다리, 갈갈기, 갈대, 갈래, 갈래기, 갈로, 갈어, 깔피리, 갈피리, 개피리, 꼬갈, 꽃깔치, 꽃피리, 과래, 광대, 금피라미, 돌가래, 먹지, 부로치, 불가로, 비단피리, 술매기, 적도치, 홍가리⋯. 담수어 생태학자 최기철이 수집한 피라미 수컷인 불거지의 별명이다. 꽃피리, 금피라미라는 별명은 백색의 몸, 담홍색의 무늬, 그리고 날씬한 몸이 수면 위로 드러났을 때의 모습을 잘 표현하고 있다. 그렇다고 해도 엄청나게 많은 별명이다. 그 외에도 갯피리, 갱피리, 파라지, 날피리, 은피리, 지우리, 참피리, 피라지, 피래미, 피랭이, 피리가 있다. 최기철에 따르면 피라미를 지칭하는 말이 무려 500개나 있다고 한다.

피라미를 지칭하는 언어가 이렇게 많은 것은 우리와 피라미와의 관계의 다양성과 경험의 깊이 때문이다. 일본과 중국 그리고 우리나라에만 서식하는 피라미는 그 물고기와의 경험이 전혀 없는 미국이나 유럽인들에게는 볼품없는 그저 그런 작은 물고기에 불과할 것이지만 우리에게는 봄에서 여름의 여울을 풍요로운 물놀이와 먹거리의 보고로 만들어주는 귀중한 민물고기인 것이다. 피라미에 대한 많은 별명에는 계절과 물살과 태양이 빚어내는 풍경과 그들의 혼인과 산란과 회유回遊 등의 생활사가 함의되어 있다.

"사실 환경에 이름이 붙여지거나 분류되면 그것은 생생한 것이 되고 그것으로 사람의 경험의 깊이와 시정이 더해지는 것이다."(케빈 린치, 『도시의 상』)

도시계획가 케빈 린치는 풍경에 이름이 붙여지는 것의 중요성을 다양한 예를 제시하면서 주장하고 있다. 그 예들이란 이런 것이다.

"알류트족族의 언어에는 그들을 둘러싼 풍경 가운데 수직 성분이 큰 것, 즉 산맥이나 봉우리나 화산 등의 단어가 없다. 그러나 세류細流나 못〈池〉 같은 수평적인 특징의 것에는 아무리 작더라도 고유의 명사가 붙어 있다. 이것은 그들의 이동을 위해서 불가결한 요소이기 때문일 것이다. 또 라스무센(Rasmussen, 덴마크의 북극 탐험가)을 위해 토착민들이 그린 12장의 지도에는 532곳의 지명이 나타나 있는데, 그 중에 498곳은 섬, 해안, 만, 반도, 호수, 여울, 개천 등을 나타낸 것이다. 언덕이나 산을 가리키는 지명은 16곳뿐이며 바위, 협곡, 습지, 마을이 있는 곳에 관한 것은 겨우 18단어에 불과했다."(케빈 린치, 앞의 책)

이름이 붙여진 풍경은 그들에게는 생존을 위한 중요한 장소였던 것이다. 경험이 없는 사람의 눈에는 그저 만연蔓延하게 보이는 풍경도 토착민들에게는 그들의 경험이 투영됨으로써 잘디잘게 구분되어 하나하나가 의미 있는 풍경으로 보인다. 언어에는 풍경과의 경험이 새겨져 있다. 따라서 그 경험의 깊이는 지명의 밀도와 비례한다.

산악 전문가가 사용하는 지형언어에도 그들만의 독특한 경험이 반영되어 있다. 월간 『산』 1999년 6월~2000년 5월호의 산행 기사 151편에 사용된 계곡 부위의 지형언어를 살펴보자.

눈에 띄는 점은 계곡을 지칭하는 지형언어가 비교적 많다는 것이다. 골짜기, 골, 계곡 등 일반적인 지형명칭과 함께 골짜기의 폐쇄감이 느껴지는 협곡, 그리고 협곡의 지형요소가 암석이라는 것을 강하게 드러내는 바위협곡, 계곡의 크기에 따라 주계곡, 지계곡, 주곡, 지곡 등 같은 계곡이라 하더라도 그 기능과 형상에 따라 다양한 언어로 불리고 있다.

"거무튀튀한 빛깔의 암반 위로 옥빛 물이 흘러내리고 물이 흘러내리다 힘겨울만 하면 소沼와 담潭이 나타나 한숨 돌린다. 급격히 떨어지지도 않고, 급격히 좁아져 흐름을 다급하게 하는 곳도 없다"(한필석, 1999년 12월호)에 사용된 소와 담은 산행 체험이 풍부한 전문가들에게는 단순한 물웅덩이가 아닌 힘겨운 이동 후의 청량한 휴식을 의미한다. 또 "구계폭 계곡에 내려서자 수문장처럼 위엄 넘치는 바위가 계곡 양쪽으로 마주보고 있고, 그 사이로 층을 이룬 와폭을 타고 옥빛 계곡 물이 흘러내린다"(한필석, 1999년 7월호)의 와폭이라는 언어 역시 물 흐름의 와류 현상이라는 사전적 의미를 넘어 갈 길을 멈추고 숨돌리며 수면을 바라보는 등산객의 일순을 마치 풍경 사진처럼 보여주고 있다.

언어에 각인된 미지형경관微地形景觀

"돌밭지대는 끝나고 쌀가마만한 화강암들이 수만 평 넓이로 펼쳐진 퇴석지대가 펼쳐진다"(박영래, 1999년 9월호)라든가, "길은 잡석들이 뒤엉킨 돌밭길로 변한다. 돌밭길을 따라 30분 가량 올라가면 왼쪽으로 계류물을 건넌다"(박영래, 1999년 11월호) 혹은 "너덜지대의 최상부로 나서게 되면 코앞에 달마산 암릉이 다가와 있다"(안중국, 1999년 12월호) 등의 산행문에 등장하는 너럭바위, 푸석바위, 누럭바위, 너덜지대, 퇴석지대, 잡석지대 등은 걷고, 오르고, 타고내리고, 에둘러갔던 행보와 뛰어내리고, 건너뛰고, 잔걸음으로 길을 재촉하던 발바닥의 감촉과 발끝에 채이는 돌들의 크기와 중량감, 그리고 비와 바람과 햇빛과 안개와 절묘하게 어우러지던 바위와 돌들의 풍경, 이 모든 것을 나타내주고 있다. 그리고 이러한 풍경 언어에는 그 언어로밖에는 설명할 수 없는 그때의 자신이 풍경으로 피어 있다.

산행 전문가들에게는 산 지형을 설명하기 위한 수백 행의 문장보다 그들의 경험이 깊이 녹아 있는 한 마디의 지형언어가 그 풍경을 더 설득력 있게 웅변한다.

풍경 언어의 공유는 언어가 세계를 보는 창과 같다는 점에서 세계관을 공유하는 것과 같다. 케빈 린치는 이렇게 말한다.

"풍경은 또 사회적인 구실도 다하는 것이다. 고유한 이름이 붙어 있으며 누구나 잘 알고 있는 환경은 집단을 결속시키는 상호간의 의사전달을 가능케 하는 공통의 추억이라든가 상징을 제공하고 있다. 풍경은 집단의 역사라든가 이상을 유지하기 위한 거대한 기억법으로서의 구실을 다하는 것이다."

풍경 언어가 집단의 추억과 역사를 간직한 기억창고로서의 구실을 한다면 그것은 그 집단의 풍경 문화를 함의하고 있다. 그런 의미에서 풍경 언어는 지역의 문화재인 셈이다.

풍경은 시각상을 시각 기구를 통해 받아들이는 것으로 시작한다. 그 풍경의 시각상은 환경 특유의 형상이나 그들간의 관계에 의해 저절로 보이는 것이 있다. 예를 들면 벌판의 고립봉, 물가, 산능선, 산마루, 산기슭, 섬, 골짜기, 수로, 절벽, 거목, 교량, 댐, 대형 건축물 등은 스스로를 주장하면서 자기 존재를 알리는 듯이 보인다. 이들은 우리의 의식보다 선행하여 자기를 드러낸다. 또 우리가 언어로 각인한 풍경도 있다. 시각 환경에서 '그림'이 되기 쉬운 이런 부위가 대개 풍경 체험에서 인상에 남기 쉬운 부분이다. 풍경 체험의 급소인 셈이다. 이러한 급소를 소중히 하지 않으면 우리의 시각 환경은 곧 파탄에 이르게 된다.

한 가지 덧붙이자면, 이때에도 명심해야 하는 것은 좋은 풍경이란 경물과 경물이 절묘하게 관계를 맺을 때 비로소 탄생하므로, 시각 환경의 급소가 되는 곳뿐 아니라 그것을 급소이게 하는 배경에도 세심한 주의를 기울여야 한다는 점이다. 풍경이란 관계의 미학이기 때문이다.

팔경, '여기가'의 경관 설계술
풍경에 의미를 부여하는 팔경식 풍경 감상법

최남선은 『조선상식 지리편』의 「팔도경승」을 이렇게 시작한다.

"산고수려山高水麗를 자랑하고 금수강산을 입버릇으로 옮기는 조선인은 미상불 세계에 드물게 보는 국토미의 자부자가 된다. 이는 첫째 조선반도가 산야 강해江海의 모든 풍경 요소를 구족具足하게 가지고, 또 금강산·관동팔경 이하 허다한 절경을 가지고 있음에서 온 진정이거니와, (중략) 조선에서 경승지대를 말하려 하면 먼저 관동팔경을 들 것인데 (하략)"

최남선이 우리 산하의 풍경을 대표하는 곳으로 금강산과 더불어 관동팔경을 들고 있는 점이 눈에 띈다. 관동팔경이란 통천의 총석정叢石亭, 고성의 삼일포三日浦, 간성의 청간정淸澗亭, 강릉의 경포대鏡浦臺, 삼척의 죽서루竹西樓, 양양의 낙산사洛山寺, 울진의 망양정望洋亭, 평해의 월송정月松亭 등 강원도 지역의 해안, 호수의 절경 여덟 곳을 일컫는다. 문일평은 『조선팔경』에서 관동팔경과 관서팔경의 풍경적 특성을 이렇게 요약한다.

"관동팔경이 마찬가지로 명승이로되 하나는(관동팔경은) 호해적명승湖海的名勝이요 하나는(관서팔경은) 강하적명승江河的名勝이며, 하나는 선종禪蹤이 많은 유벽幽僻의 명승이요, 하나는 사적이 많은 요해要害의 명승이다."

여기서 말하는 관서팔경은 강계의 인풍루仁風樓, 의주의 통군정統軍亭, 선천의 동림폭東林瀑, 안주의 백상루百祥樓, 평양의 연광정練光亭, 성천의 강선루降仙樓, 만포의 세검정洗劍亭, 영변의 약산동대藥山東臺를 가리킨다. 문일평은 관동팔경을 물가의 기경奇景으로, 관서팔경을 들의 인경人景으로 평가한다.

최남선이 우리나라의 경승지대로 관서팔경이 아니라 관동팔경을 먼저 든 것은 그곳 산수의 경치가 다른 나라의 풍경과 비교해도 손색이 없다고 판단했기 때문일 것이다.

관동과 관서지역에 한정된 팔경이 있는가 하면, 우리나라 전체를 대상으로 한 조선팔경이 있다. 한국관광공사에 의하면, 1930년대 경성방송국이 전국 청취자를 대상으로 빼어난 경승지를 추천토록 방송하여 수집한 명승지 가운데 상위 8곳을 조선팔경이라 했다고 한다. 해운대의 저녁달, 한라산 고봉, 석굴암 해돋이, 금강산 일만 이천 봉, 압록강 뗏목 풍경, 모란봉 을밀대, 백두산과 천지, 부전고원赴戰高原이 그것이다.

그런데 최남선은 「팔도경승」의 말미에 이런 말을 덧붙이고 있다.

"언뜻하면 팔경 팔경 하는 것은 지나支那 송대의 어느 화가가 평원산수에 솜씨가 있어서 소상팔경瀟湘八景을 많이 그려 전한 일이 있어서 후대에 이를 의방依倣하여 다른 데서도 팔경이란 것을 마련하기 시작한 것인데, 고지식하게 팔수八數에 구니拘泥하여 많은 데서는 구차히 수 채움을 함이 오히려 폐弊를 이루었다는 것이니, 이제 관동의 해산海山이 어디가 기승奇勝이 아니리오마는 구태여 팔경만을 칭도稱道함이 정히 그 일례一例라 할 것이다."

관동지방의 해안과 호수와 절벽이 이루는 수많은 기승奇勝을 관동팔경이라고 하여 단지 여덟 곳만 선정해 둔 것이 불만인 모양이다.

그것보다 눈길을 끄는 것은 우리나라에서 중국의 소상팔경을 '의방하여 다른 데서도 팔경이란 것을 마련하기 시작' 했다고 하는 부분이다. 중국인이 선정한 소상팔경이 우리나라에 전파되어 그와 같은 수법의 풍경 설계술이 유행한 것을 언급한 것이다. 그렇다고 해서 그가 팔경식 풍경 감상법과 설계술을 근본적으로 부정한 것은 아니었다. 그역시 '조선십경'을 선정한 것을 보면, 오히려 소상팔경을 자국의 풍경과 겹쳐서 보는 풍경적 연상을 하고, 그 풍경에 어울리는 이름을 붙여 평범한 풍경을 명승으로 격상시키는 팔경식 풍경 설계술의 특장을 누구보다 잘 알고 있었던 것 같다.

여기서는 이러한 팔경식 풍경 감상법과 거기에 함의된 풍경 설계술을 상세히 살펴보기로 한다. 우선 팔경의 발생부터 알아보자.

팔경은 11세기 중국 북송 때 화가 송적宋廸이 「소상팔경도」를 그리면서 비롯되었다. 중국 호남성 동정호洞庭湖의 남쪽 영릉零陵 부근에서 합쳐지는 소수瀟水와 상수湘水의 아름다운 경치 여덟 장면을 소상팔경瀟湘八景이라고 한다. 미술사학자 안휘준은 심괄沈括이 편찬한 『몽계필담夢溪筆談』을 근거로 「소상팔경도」가 송적이 처음 고안한 것이거나 아니면 11세기 송적이 활동하던 시기에 이미 정착된 것으로 보고 있다. 소상팔경은 고려말 우리나라로 전래되어 19세기까지 꾸준히 시제詩題와 화제畵題가 되었다. 특히 조선 초기에 가장 유행했다고 한다.

조선 초기의 소상팔경도의 특징을 안휘준은 다음과 같이 소개한다.

'평사낙안平沙落雁'이라는 제목의 그림은 평평한 모래 벌판에 내려 앉는 기러기떼를 표현한 것으로 계절은 가을, 시간은 저녁 무렵의 한 순간을 포착하고 있다. '원포귀범遠浦歸帆'은 먼 바다에서 돌아오는 돛단배들을 묘사하고 있다. 시간은 저녁 때, 계절은 가을이다. '산시청람山市晴嵐'은 아지랑이에 싸여 있거나 혹은 아지랑이가 걷히는 산 마을을 묘사하고 있다. 시간은 아침나절, 계절은 봄이다. '강천모설江天暮雪'은 눈 덮인 하늘과 강을 묘사하고 있다. 계절은 겨울, 시간은 저녁이다. '동정추월洞庭秋月'은 동정호에 비치는 달을 묘사하고 있다. 계절은 가을, 시간은 밤이다. '소상야우瀟湘夜雨'는 소상에 내리는 밤비를 묘사하고 있다. 바람에 날리는 빗줄기가 강조된다. 계절은 여름, 시간은 밤이다. '연사모종烟寺暮鐘'은 연무에 싸인 숲 속의 절에서 종소리가 은은히 울려오는 듯한 분위기를 묘사하고 있다. 계절은 확실치 않으나 시간은 저녁 무렵이다. '어촌석조漁村夕照'는 어촌의 저녁 노을을 묘사하고 있다. 시간은 저녁이지만 계절은 확실하지 않다.

풍경 감상의 주경主景은 절, 마을, 강, 어촌, 호수 등 극히 평범한 것들이다. 이 범상凡常한 풍경이 중국은 물론 우리나라와 일본의 시인 묵객墨客들의 풍경 체험에 지대한 영향을 미쳤다.

작자 미상, 「소상팔경도」(16세기초).
팔경은 11세기 중국 북송 때 화가 송적이 「소상팔경도」를 그리면서 비롯되어 이웃 나라로 퍼져나갔다.
(왼쪽 위부터 시계방향으로) '연사모종', '산시청람', '어촌석조', '원포귀범'

(왼쪽 위부터 시계방향으로) '동정추월', '소상야우', '평사낙안', '강천모설'

소상팔경식 풍경 감상법은 다음과 같은 특징이 있다.

먼저, 일정한 지역 내에서 극히 평범한 장소나 경물의 아름다움을 시절과 시간에 따라 시시각각으로 변하는 가운데서 발견하고 그 풍경에 이름을 붙인 것을 들 수 있다. 풍경에 대한 명명 행위는 연속적으로 변화하는 풍경을 고정하는 행위다. 만화경처럼 만연하게 펼쳐져 있으며, 또 시간의 흐름에 따라 지속적으로 바뀌어가는 환경에 절묘한 시선을 던짐으로써 풍경의 구도를 획득하고 절경의 일순一瞬을 포착하여 그것에 이름을 붙여주는 것으로, 그 풍경의 아름다움을 말의 화석 속에 가두는 행위다.

다시 말해서 자연 풍경에 손 하나 대지 않고 단지 그것의 이름을 불러주는 행위만으로도 무명의 풍경과의 차이의 체계가 생성되고 그 순간 하나의 명승이 탄생하는 것이다. 풍경의 이름을 불러주는 것은 화룡점정畵龍點睛의 순간이다.

또 하나는 이렇게 하여 탄생한 풍경의 이름을 시제로 하여 그 풍경의 아름다움을 상찬하는 노래가 만들어지고 또 이 노래에 표현된 풍경의 아름다움이 풍경 체험의 양식으로 정착된다는 점이다. 이러한 풍경 체험의 양식은 노래와 더불어 전파된다. 소상팔경의 아름다움도 이렇게 해서 우리나라로 전래된 것이다.

마지막 특징은 일정한 지역권역을 설정하고 그곳의 절경 여덟 장면을 선정한다는 점이다. 소상팔경은 명승지로서의 소상 지역에서도 특히 뛰어난 것으로 선정된 여덟 장면의 풍경이라는 의미를 담고 있다. 일정한 지역을 설정한 것은 명승 분포의 지리적 밀도를, 그리고 여덟 곳을 선정한 것은 명승의 서열적 선별과정을 함의하고 있다.

그런데 여기서 주목하고 싶은 것이 있다. 어떤 풍경이 사회적으로 일정한 평가를 확보하면 그것은 그 집단의 풍경관으로 자리잡게 된다. 그리고 그것은 마치 패션과 같이 다른 문화권으로 퍼져나가게 된다. 이른바 풍경의 유통이다.

사각형의 못과 원형의 섬이 그 형태적 원형元型을 잃어버리지 않고 조선 500년간의 정원을 관통하면서 지리적 거리를 넘어 재현된 것은 그 단적인 예다. 프랑스에서 시작된 기하학적 정원이 유럽을 석권한 일이나 영국의 풍경식 정원이 다시 프랑스에서 유행한 것 또한 풍경의 유통이 문화권의 일시적인 현상이 아니라는 것을 보여준다.

소상팔경도 우리나라와 일본에 중국문화와 함께 전파되었다. 앞서 말한 바와 같이 고려말에는 문인들 사이에서 소상팔경이 시제로 자주 사용되었다. 이인로, 진엽, 이규보, 이제현 등이 소상팔경시를 남겼다. 그리고 이와 같은 시기인 고려말에 개성 지역에서는 팔경이 선정된다. 송도팔경이 그것이다. 소상팔경식 풍경 감상법이 우리나라에 이식된 순간이다.

송도팔경은 자동심승紫洞尋僧, 청교송객靑郊送客, 북산연우北山煙雨, 서강풍설西江風雪, 백악청운白嶽晴雲, 황교만조黃郊晚照, 장단석벽長湍石壁, 박연폭포朴淵瀑布 등이다. 송도팔경을 시제로 한 이제현의 팔경시가 『신증동국여지승람』에 수록되어 있다.

돌 곁으로 맑은 물을 건너서서 숲을 뚫고서 산기슭으로 올라간다.
사람을 만나서도 다시 중의 사립문을 물을 것 있나
낮에 치는 범종소리가 연기 퍼진 사이로 울려나온다.
― 이제현, 「자동심승」

「소상팔경도」의 '연사모종'을 연상하게 하는 시다. 송도팔경은 소상팔경을 우리나라에 이식한 첫 사례인 만큼 소상팔경의 감상 대상과 체험 방법을 충실하게 따르고 있다. 이외에도 「북산연우」, 「서강풍설」, 「황교만조」는 각기 「소상팔경도」 중의 '소상야우', '강천모설', '어촌석조'와 서로 상통하는 요소들을 지니고 있다.

이와 같이 팔경이 자국에 이식될 때 소상팔경적 감수성을 그대로 답습한 것은 일본도 마찬가지였다. 우리나라보다 다소 늦은 1500년에 일본 최초로 오오미〈近江〉팔경이 선정된다. 삼정만종三井晩鐘, 석산추월石山秋月, 견전낙안堅田落雁, 율진청람栗津晴嵐, 시교귀범矢橋歸帆, 비랑모설比良暮雪, 당기야우唐崎夜雨, 세전석조勢田夕照의 여덟 가지 풍경이 오오미 지역의 팔경이다. 소상팔경을 지명만 오오미 지방의 그것으로 바꾸어 놓은 것이다.

소상팔경의 풍경 명칭 작법은 지명과 경물을 각각 두 글자씩 조합하여 모두 넉 자가 되도록 하는 것이다. 동정추월은 동정호라는 장소와 가을 달이라는 경물이 절묘한 구도로 연출하는 하나의 장면을 포착한 것이다. 마찬가지로 송도팔경이나 오오미팔경도 소상팔경의 작명법을 좇아 그 지역의 팔경을 선정한 것이다.

소상팔경에서 노래한 비나 노을, 돌아오는 배, 눈 등의 경물은 중국에만 있는 것이 아니라 대개 동아시아에서는 흔히 볼 수 있는 풍경이다. 그러므로 이러한 경물을 인상적으로 체험할 수 있는 장소를 발견하기만 하면 팔경을 선정하는 것은 그리 어려운 일이 아니다. 일본의 경관공학자 시노하라 오사무〈篠原修〉가 『경관론』에서 "오오미팔경은 문학적 상상력으로 각각의 지점에 미리 상정해둔 감상 패턴을 배분하여 팔경을 설정한 것이다"라고 한 것은 적절한 지적이다.

소상팔경이 동아시아로 전파되면서 새로운 풍경 디자인 수법이 탄생한다. 소상팔경과 같은 장소를 찾아내어 그 장소와 가장 잘 어울리는 경물을 조합한 풍경 명칭을 붙임으로써 범상凡常의 풍경을 소상팔경에 필적하는 명승지로 만드는 것이 그것이다. 작명은 인위적인 제작에 필적하는 풍경의 창조 행위다. 이른바 '여기기'다. 물리적 환경의 조작이라고 하는 건설 행위를 전혀 하지 않고 단지 소상팔경과 유사한 이름을 붙이는 것만으로 내 고장의 일상적인 풍경이 중국의 명승지 소상팔경처럼 '여겨지게 하는' 경관 설계술인 것이다.

인위를 배제하고도 충분히 인간적인 의취를 새겨두는 풍경 창조술이 '여기기'다. 이 '여기기'라는 풍경 디자인 수법은 인위를 극력 배제해야 하는 자연 풍광지의 풍경 디자인 수법으로 제격이다. 풍경 디자이너가 소상팔경에 관심을 기울이는 이유가 바로 여기에 있다.

송도팔경으로 시작된 우리나라의 팔경식 풍경 감상법과 풍경 설계술은 장소와 경물의 조합이라고 하는 소상팔경의 형식을 충실히 따르면서도 내용면에서는 조선조에 들어서면서부터 큰 혁신을 보인다. 정도전이 제영題詠한 신도팔경新都八景이 대표적인 예다.

『신증동국여지승람』에 전하는 신도팔경 제영시는 「기전산하畿甸山河」, 「도성궁원都城宮苑」, 「열서성공列署星供」, 「제방기포諸坊碁布」, 「동문교장東門敎場」, 「서강조박西江漕泊」, 「남도행인南渡行人」, 「북교목마北郊牧馬」다. 이중 관청가의 풍경을 노래한 「열서성공」을 보자.

여러 관청들 높이 서서 서로 향하는 것
별들이 북두칠성을 향하듯 했네
달 밝은 새벽 거리는 물같이 조용한데
울리는 패물 소리 작은 티끌도 일지 않네
— 정도전, 「열서성공」

중국의 소상팔경이 한가로운 전원 풍경의 아름다움에 착목했다면 조선의 신도팔경은 새롭게 탄생한 왕조의 활기찬 도시 풍경을 노래하고 있다. 이는 소상팔경과는 전혀 다른 미의식으로, 소상팔경식 풍경관이 우리나라에 정착하자마자 곧 그 내용의 혁신이 이루어진 것이라 할 수 있다.

내용의 혁신은 장소와 경물의 조합으로 구성되는 팔경식 풍경 명칭의 형식적 파기로 이어진다. 청간정, 경포대, 삼일포, 죽서루, 낙산사, 망양정, 총석정, 월송정 등 명승지의 이름만을 풍경 명칭으로 삼은 관동팔경과 같은 색다른 팔경이 탄생한다.

이와 같이 명승지가 팔경으로 선정된 것은 소상팔경과 같이 장소와

정선, 「낙산사」.
명승지의 이름만을 팔경의 풍경 명칭으로 삼은 관동팔경을 통해
소상팔경과는 다른 팔경식 풍경 감상법이 우리나라에 자리잡았음을 알 수 있다.

경물과 시간과 기상현상이 절묘하게 연출하는 일순간을 감상하는 팔경 고유의 풍경 감상법과는 다른 체험 방식이 탄생했음을 말해준다. 1530년에 완성된 『신증동국여지승람』에 여주팔경, 울산팔경, 영해팔경, 거제팔경, 봉산팔경, 강릉팔경, 평해팔경이 명승지만으로 팔경을 구성하고 있는 것으로 보아 우리나라에서는 일찍이 소상팔경식 풍경 감상법을 혁신했다고 할 수 있다.

명명에 의한 경관 설계술에는 그 시대의 경관관이 반영되어 있다는 점에서, 시대의 변화에 따라 이상적인 풍경미의 형식이 바뀌듯이 명명의 형식과 그 내용 역시 혁신된다. 이와 같은 새로운 팔경식 풍경 감상법과 설계술의 기저에는 물론 소상팔경식의 오래된 풍경 감상법이 공존하고 있다. 기술 문명의 새로운 인조경관을 상찬하는 한편 자연의 풍경을 여전히 풍경미의 으뜸으로 치는 것과 같은 이치다.

그러나 이와 같은 팔경식 풍경 감상법에서 힌트를 얻은 풍경 창조술은 경물의 풍경적 조탁彫琢을 소홀히 할 우려가 있음을 지적해둔다. 팔경식 풍경 감상법은 체험하는 사람의 교양이나 감수성에 따라 어떤 풍경이든지 절경으로 체험될 수 있다는 극언도 가능하게 한다. 풍경 체험의 질이 물리적 환경에 있는 것이 아니라 그것을 체험하는 사람의 심적 현상으로 폄하되기 때문이다. 시노하라 오사무는 이런 상황을 '경관의 위기'라고 한다.

팔경식 풍경 디자인 수법은 풍경에 혼을 불어넣는 것과 같은 명명 행위이므로 인조 경관을 창조하는 경우, 먼저 그 대상의 풍경적 완성도를 성취한 후에 사용해야 할 것이다. 그림 속의 용을 살아 움직이게 하려면 먼저 용의 몸뚱이를 생생하게 그려두어야 한다. 화룡점정은 그 다음이다.

보기에 자연스런 풍경의 아름다움

풍경의 디스플레이론

곽희에게 배우는 아름다운 산수의 조건

풍경의 디스플레이론
자연스런 시선 행동과 풍경의 위치

조선시대의 화가 강희언(姜熙彦 1710~1784)이 그린 「인왕산도仁旺山圖」를 바라보고 있으면 쉽게 눈을 떼기 힘들다. 엄격하지만 사납지 않고 당당하면서도 온화하다고 할까. 피부가 거칠게 드러나 있는 듯한 우뚝 솟은 산의 모습에서 인간적인 기품이 배어나오는 듯하다.

  인왕산을 약간 비켜서서 바라보고 있는 화가의 시선 덕택에 산의 시선은 보는 이와 비켜 있다. 산마루에서 뻗어내리는 능선의 선형으로 보아 산등성이 하나하나가 그리 쉬운 경사는 아닌 듯하다. 이리저리 아래로 흐르는 산주름은 이 산이 어디에서나 볼 수 있는 흔한 산은 아니라는 인상을 준다. 그것들은 온몸을 거칠게 휘감으며 승천하는 용의 몸통을 연상하게 한다.

  산마루를 머리로, 양쪽으로 거칠게 내려오는 능선을 어깨로 보면 산 전체는 결가부좌結跏趺坐를 하고 있는 선승禪僧으로도 보인다. 그가 내뿜는 예리한 안광眼光이 느껴진다. 하지만 산주름들은 어떻게 보면 세월의 풍상을 거쳐온 노인의 아름다운 주름살 같기도 하다.

  산기슭 가까운 곳에는 몇 채의 집들이 골짜기를 차지하고 들어앉아 있다. 평평하고 앞이 열려 있어서 밝은 빛이 마당에 가득 찰 것이다.

강희언, 「인왕산도」.
이 그림은 한눈에 꼭 드는 크기로 그렸다.
자연 경관에 인간의 의도 따위야 들어설 여유가 없지만
이렇게 한눈에 꼭 드는 시점을 선택하는 것은 인간의 몫이다.

그러나 쉽사리 눈에 띄지는 않을 성싶다. 마치 치맛자락을 넓게 펼친 듯이 길게 늘어져 있는 산자락이 이 일대의 거주지를 편안히 감싸고 있다.

이렇게 보니 선승이니 노인의 얼굴이니 하는 느낌은 어디론가로 가 버리고 인왕산은 집들을 감싸안은 거대한 품이 되어 있다. 산에 안겨 있는 인가의 모습은 도리어 산의 실재감을 느끼게 한다.

그런데 이 그림을 꼼꼼히 살펴보면 산이 화면에 꽉 차게 잘 들어앉아 있다는 것을 알 수 있다. 화폭을 눈에 비유한다면 이 그림은 한눈에 꼭 드는 크기로 그렸다. 자연 경관에 인간의 의도 따위야 들어설 여유가 없지만 이렇게 한눈에 꼭 드는 시점을 선택하는 것은 인간의 몫이다. 너무 크지도 않고 그렇다고 해서 눈이 띄지 않을 정도로 작지도 않게 적당한 크기로 보이는 시점을 선택하는 것은 시대상을 '그림'으로 지각하기 위해 가장 먼저 해두어야 할 일이다.

경관학자들은 시각상으로서 풍경의 특성을 설명하기 위해 풍경의 크기를 곧잘 들먹인다. 숲을 보았지만 나무는 보지 않았다는 말은 대상에 대한 시각 크기가 그 대상의 성격을 결정짓는다는 점을 웅변하고 있다. 마찬가지로 시각 크기는 풍경 체험의 질을 좌우한다. 이 문제를 자세히 살펴보기 위해 먼저 우리 눈이 어떻게 세계를 시각상으로 받아들이는지 알아보자.

먼저 오른쪽 그림을 보자. 위는 일본의 우키요에 판화가인 호쿠사이〈北齊〉의 「부악(富嶽, 후지산) 36경」 중 '카나가와 해상'이고, 아래는 호

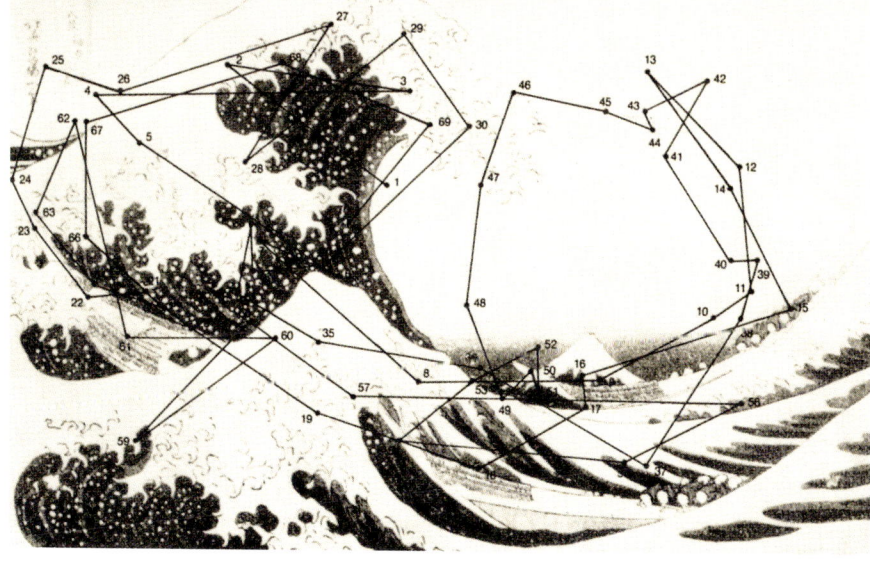

호쿠사이, 「부악 36경」 중 '카나가와 해상'.(위) 풍경을 시각적으로 체험할 때 우리의 안구는 이 판화를 보고 있는 사람과 같이 끊임없이 움직인다.(아래)

쿠사이의 그림을 보고 있는 어떤 사람의 시선의 움직임을 기록한 것이다.(브루스 골드스타인, 『감각과 지각』에서 인용) 낮은 번호부터 시선이 움직이고 있다고 생각하면 된다. 각 번호들은 그림을 주시하기 위해 정지한 곳으로 주시점注視點이라고 한다.

풍경을 시각적으로 체험할 때 우리의 안구는 호쿠사이의 판화를 보고 있는 사람과 같이 끊임없이 움직인다. 대개 안구는 한 점을 주시한 후 각속도 100~500°/초의 고속으로 다음 주시점으로 달려간다. 주시점에서의 정지시간은 대개 0.2~0.3초 정도의 짧은 시간이다. 이러한 안구 운동을 통해 대상을 파악한다.

만약 안구 운동을 말살하면 어떻게 될까. 프리차드는 안구 운동을 말살했을 때 일어나는 우리의 시각 체험을 실험을 통해 확인하였다. 안구 운동에 연동하여 대상도 움직이듯이 보이게 하는 특수한 콘택트 렌즈를 이용하여 결과적으로 안구 운동을 말살한 상태에서 아래 그림(미야자키 등 2인, 『시점』에서 인용)의 맨 왼쪽에 있는 형상들을 피실험자에게 제시하였다. 그 결과 얻어진 정지망막상은 그림에 나타나 있듯이 그 일부가 붕괴되어 지각된 것이었다.

이 결과를 통해 우리의 시각상은 안구가 끊임없이 움직이는 이른바 안진眼震으로 포착한 정지망막상의 축적으로 완전하게 획득된다는 것을 알 수 있다. 풍경 체험에 있어서 보기 쉬운 크기를 논의할 때 그 논거를 주시 행동에서 구하는 이유가 여기에

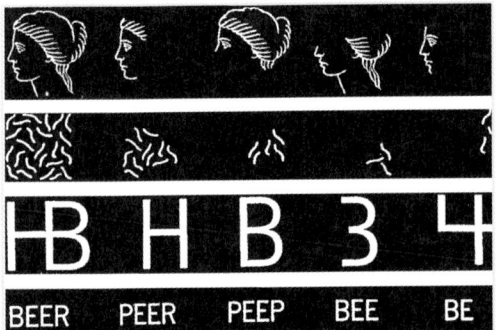

정지망막상의 지각적 붕괴. 맨 왼쪽 그림은 자극형상, 나머지는 붕괴된 결과다.

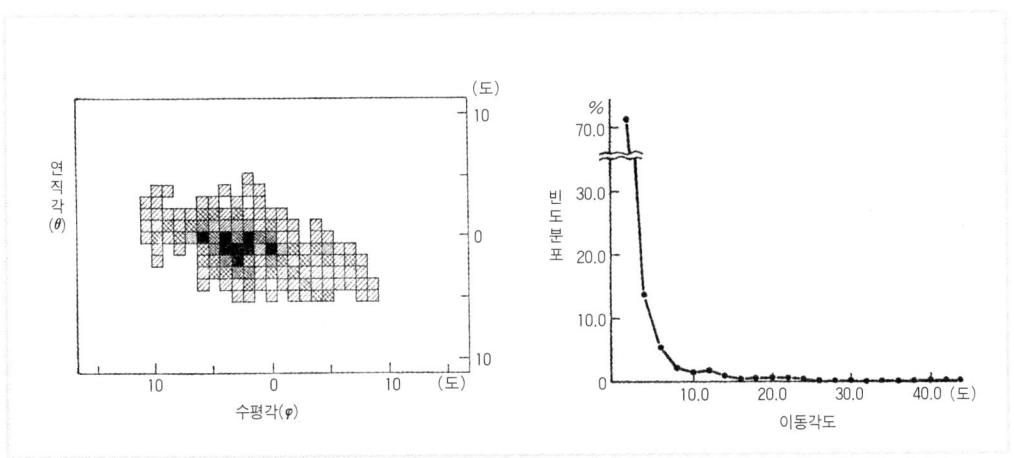

있다. 만약 안구 운동만으로 대상이 파악되지 않으면 고개를 돌린다거나 몸을 움직여서 시계를 확보하여 대상을 파악한다.

나카무라 요시오는 인간의 주시점을 추적하여 두부頭部에 대한 안구의 상대적 이동 범위를 조사하였다. 그는 『풍경학입문』에서 풍경 체험에서 확인되는 주시점의 분포가 수평각 20°, 연직각 10°의 범위에 거의 포함된다고 하였다(위의 왼쪽 도표). 그리고 주시점의 도약적 이동 각도의 빈도 분포를 보면, 90%가 10° 이내이며 특히 70%가 4° 이내에 들어 있다는 점을 실험을 통해 밝히고 있다(위의 오른쪽 도표).

그는 또 성좌라고 하는 천체상天體像은 대체로 수평각 20°, 연직각 20°이며 성좌를 구성하고 있는 별들의 평균 간격은 약 6°, 90%가 11° 안에 들어 있다는 것도 아울러 논거로 제시하면서 자연스런 상태에서 인간의 주시 범위로 수평각 20°, 연직각 10°의 시각 크기를 제안한다. 이것은 대략 팔을 쭉 뻗고 손바닥을 시선에 직각으로 했을 때 그 손

풍경 체험에서 확인되는 주시점의 분포는 수평각 20°, 연직각 10°의 범위에 거의 포함된다.(왼쪽) 주시점의 도약적 이동 각도의 빈도 분포는 90%가 10° 이내이며 특히 70%가 4° 이내에 들어 있다.(오른쪽)

바닥의 시각 크기다. 이 시각 크기에 대한 나카무라 요시오의 해설을 들어보자.

"수평각 20°, 연직각 10°는 자연스런 주시야이며, 하나의 시각상으로서 정돈된 인상을 얻을 수 있는 한계치라고 생각된다. 이 한계를 넘으면 안구 운동보다 훨씬 느린 목 회전이 발생하고 '둘러보다'라는 느낌이 든다."(나카무라 요시오, 앞의 책)

'자연스런 주시야'는 자연스런 안구 운동만으로 얻을 수 있는 크기의 시각상이다. 따라서 자연스런 주시야인 수평각 20°, 연직각 10°의 범위에 있는 대상이 눈에 띄기 쉬우며 보기 쉬운 시각상의 한계라고 여겨진다. 이 크기는 생각보다 크다. 연직각 9° 근방의 산은 그 모습 전체가 쉽게 한눈에 들어오는 크기라는 연구 결과와 일본의 차경 정원에서 보는 산이 연직각으로 8.9°라는 것 등이 자연스런 주시야로서 수평각 20°, 연직각 10°를 신뢰하게 한다.

우리가 어떤 도시를 방문했을 때 그 도시에 대한 심상心像, 즉 이미지는 그 도시 공간의 어느 한 점을 점유했을 때 시지각을 통해 획득되는 시각상이 집적되어 형성된다. 시각상이 되기 쉬운 시각 크기가 자연스런 주시야라는 것은 이미 말했다.

자연스런 주시야는 주시점이 주로 분포하는 시야다. 사물을 관찰할 수 있는 범위가 정시야靜視野라고 한다면, 물론 이 자연스런 주시야보다 큰 시대상도 그것이 정시야의 범위에 들어 있을 때 우리는 그것의 존재를 알 수 있다. 시점을 고정한 정시야의 크기에 대해 안과학회는

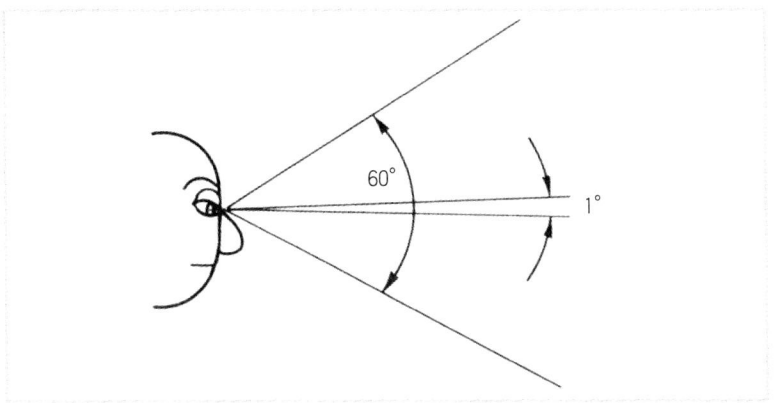

어른은 150°, 어린이는 130°라고 하지만, 다른 의견도 있다. 아무튼 이 시야는 우리의 눈이 받아들일 수 있는 빛에너지의 수광범위를 말하는 것이지 그 시야의 범위에 있는 모든 사물을 알 수 있다는 말은 아니다.

 눈앞에 있는 풍경을 체험할 때 우리의 시선의 방향은 대개 고정되어 있다. 그리고 우리가 획득할 수 있는 시각상은 정시야에 들어 있는 풍경 전부가 아니라 기껏해야 60°가 한계라고 한다.(위의 그림. 시노하라 오사무, 『토목경관계획』에서 인용) 이것을 시각추視角錐 60°라고 한다. 실험실에서 측정한 시야의 범위보다 상당히 좁다.

 우리가 자연스런 상태에서 한곳을 바라보았을 때 시각추 60° 범위에 있는 풍경은 안구의 움직임만으로 시인視認할 수 있다. 그래서 시각추 60°를 '자연스런 정시야'라고 한다. 이 시야의 크기는 카메라의 화각을 예로 들면 알기 쉽다. 35mm 렌즈의 화각은 수평각 54°, 연직각 38°이며, 28mm 렌즈는 수평각 65°, 연직각 46°이다. 풍경 체험에서 의미 있는 시야로서 제시하는 시각추 60°는 35mm와 28mm 렌즈의 카메라로 시준했을 때 파인더에 맺히는 수평 시각상과 가깝다고 할 수

시각추 60°.
자연스런 상태에서
한곳을 바라보았을 때
시각추 60° 범위에 있는
풍경은 안구의 움직임만
으로도 인식할 수 있다.

있다.

'진정한 산수의 흐리고 맑은 날씨는 가까이서 보면 좁은 시야 안의 물상에 가려 밝고 어둡고 나타나고 가리우는 모습을 분명하게 살펴볼 수 없다'는 곽희의 훈시에 거론되는 '시야'의 크기가 어느 정도인지 짐작하기는 어려우나 이를 풍경 체험의 시야인 시각추 60°로 해두어도 될 것이다.

이 시각추 60°가 풍경 체험에서 의미 있는 수치라는 것은 도시 경관의 인상과 시각 크기와의 관계에 관한 연구 성과로도 입증된다. 시각추 60°는 시선의 상방향으로 30°, 하방향으로 30°의 범위에 있는 대상을 관찰할 수 있다는 의미다.

메르텐스는 조각과 건물의 정면을 관찰하여 다음과 같은 결과를 발표했다.

"관찰자가 비교적 멀리서부터 한 건물을 향해 나아갈 때 그 건물은 넓은 환경과 어우러져서 '회화적'인 인상을 띤다. 그가 건축물에 대해

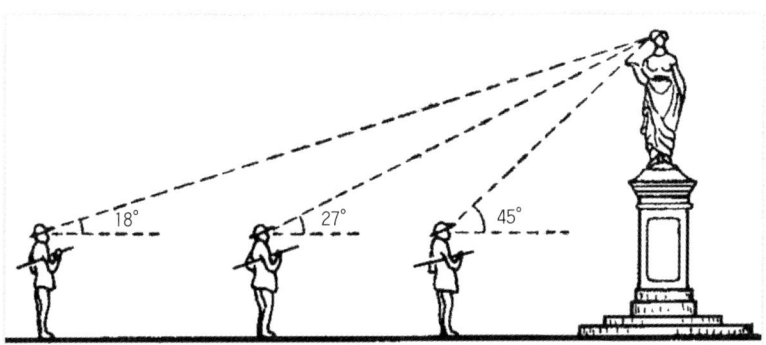

조각물에 대한 앙각의 차이에 따라 체험의 내역이 달라진다.

앙각仰角 18°에 도달했을 때 비로소 건축물이 특별한 의미를 지니게 된다. 약 27°의 앙각에 이르게 되면 건물만 전 시야를 점유하게 되고 비교적 건축의 큰 부분, 특히 의미 있는 부분만이 눈에 비친다. 약 45°의 앙각으로 보이는 곳에서 관찰자는 비교적 상세한 장식물(예를 들면 식물)을 가장 많이 식별한다."(히구치 타다히코〈樋口忠彦〉, 『경관의 구조』에서 재인용)

여기서 말하는 앙각은 위로 올려다볼 때 시선과 수평면이 이루는 각도다. 조각물을 앙각 45°로 바라보면, 우리는 대상 전체를 바라보지 못하고 조각의 세부장식에 눈이 간다고 한다. 이것은 조각물의 높이와 동일한 거리에서 바라볼 때의 시각 크기다. 그러나 조각물 높이의 두 배의 거리에서 바라볼 때(앙각 27°)에는 조각물 전체가 보인다고 한다. 그러나 조각물 높이의 세 배 거리, 즉 앙각 18°로 그 조각물을 바라보면 그것이 배경과 함께 잘 어우러져 있는 것으로 감상하게 된다고 한다.(왼쪽 그림. 시노하라 오사무, 앞의 책에서 인용)

메르텐스는 마찬가지 방법으로 건축물의 인상과 시각과의 관계를 발표했다. 건축물을 앙각 45°로 바라볼 때 건축물 정면의 세부장식에 관심을 기울이게 되고, 앙각 27°로는 건축물 전체의 윤곽과 정면을 동시에 볼 수 있다고 하며, 앙각 18°로 바라볼 때는 건축물보다 그 배경에 주의가 전이되기 시작한다고 한다. 그리고 앙각 14°(건축물 높이의 네 배의 거리에서 보았을 때)에서는 건물의 정면에는 주의가 기울여지지 않으며 원경을 가로막고 서 있는 벽으로 보인다고 한다.

이 결과는 조각물과 광장의 크기, 건축물의 높이와 광장의 크기, 건축물 사이의 간격 등을 설정하는 데 거의 정설이 되어 있다. 여기서 앙각 27°가 대상 전체를 파악할 수 있는 시각 크기로 설명되고 있는 점은 풍경 체험에서 시야의 크기로 설정한 시각추 60°실이 경험적으로 납득할 수 있는 수치임을 뒷받침해준다.

그런데 산의 윤곽선을 체험할 수 있는 것은 앙각 9° 전후라고 한다. 건축물이 27° 전후에서 그 윤곽선이 체험되는 데 비하면 상당히 작은 크기다. 그러나 평지에 서 있는 건축물과 달리 산은 산기슭이 넓게 펼쳐져 있어서 27° 정도의 앙각으로 산을 보려면 곧 산기슭에 들어가버리고 만다. 그래서 앙각 27°로 정상부까지 바라볼 수 있는 산은 그리 흔하지 않다. 또 지형 분류에서 경사 30° 이상은 절벽이라고 하므로 앙각 27°의 산은 절벽처럼 솟아오른 형상이 된다.

윤선도의 생가가 있는 해남의 연동마을에서 보는 마을의 뒷산은 앙각 27°로 보인다. 그러나 앙각 27°의 건축물을 보았을 때와는 비교도 할 수 없을 정도의 중량감으로 목을 젖혀 올려다봐야 겨우 그 정상부가 보일 정도다.

건축물과 산의 앙각 차이에 따른 인상의 변이는 이 둘의 양괴量塊의 차이에서 비롯하는 것으로 설명된다. 이른바 '시각의 항상성'이다. 이것은 대상을 관찰할 때 시각視角은 대상과 주체와의 거리에 따라 신축하지만, 인식에 있어서는 그 대상을 절대적인 크기로 환원하는 것으로, 예를 들어 산은 멀리 있을 때는 작게 보이지만 우리는 그것을 원래의 크기로 전환해서 인식하는 것을 말한다. 이런 이유로 앙각 9°의 산은 앙각 27°의 건축물에 필적하는 크기로 인식되는 것으로 보인다.

도시 경관에 있어서 조각물과 건축물의 시각 크기와 인상의 차이에 관한 메르텐스의 학설은 앙각 30°가 적절한 디스플레이 영역이라는 것이며, 따라서 시각추 60°설을 뒷받침한다. 마찬가지로 아래로 내려다보는 부각俯角 30° 역시 적절한 디스플레이 영역이다. 이는 헨리 드레이퓌스가 미 육군사관학교 후보생 1,400명을 대상으로 실증한 연구 결과에서도 밝힌 바 있다.

그는 사람이 서 있을 때 시선이 일반적으로 10° 아래에 있으며 앉은 자세에서는 15° 아래라는 것을 밝혔다. 그리고 부각으로서 0~30°의 범위를 최적의 디스플레이 영역이라고 했다.

그러나 부각으로서 가장 잘 보이는 영역은 선 자세에서 시선이 떨어지는 영역인 8~10°의 범다. 항구가 아름답게 체험되는 북해도의 하코다테 시는 그 뒷산 하코다테 산에서 보면 도시와 항구 그리고 바다가 부각 10° 부근의 영역에 입지하고 있다. 남해 금산의 정상에서 내려다보면 부각 9°의 위치에 상주해수욕장이 있다. 편안한 자세로 서 있으면 저절로 한눈에 바다가 보이는 것은 인간의 시선과 자연 풍경이 저절로 만나기 때문이다. 덕유산 향로봉에서 서쪽으로 자연스레 눈을 돌리면 아득한 들이 펼쳐지고 한가로운 마을이 산자락에 기대어 있는 풍경이 저절로 한눈에 드는 것도 그 풍경이 부각 10°의 위치에 있기 때문이다.

풍경이 아름답게 보이려면 우선 우리의 자연스런 시선 행동에 부합하는 위치에 그 풍경이 있어야 한다.

풍경의 디스플레이론의 궁극적인 목적은, 인간의 손으로 작위作爲할 수 없는 자연 경관의 경우, 적절한 시각 크기로 체험할 수 있는 시점을 선택하여 생생한 산수를 체험할 수 있도록 하는 것이다. 그리고 인조 경관의 경우에는 풍경이 보기 좋은 크기로 체험되도록 그 크기를 조작하는 근거를 마련해주는 것이다. 좋은 풍경이란 보고 싶은 대상이 보기 좋은 위치에 보기 좋은 크기로 있는 것이다.

곽희에게 배우는 아름다운 산수의 조건
산이 깊고 아득하게 보이도록 하는 원근법 세 가지

2차원의 화폭에서 현실 세계를 생생하게 표현하는 데 원근법은 가장 중요한 필법이다. 일찍이 중국의 산수화가들은 원근감을 표현하기 위해 다양한 구도를 개발했다. 예를 들면 가까운 것은 아래에 구성하고 먼 것은 위에 그려놓는 이른바 상하원근법上下遠近法이 그중 하나다. 그러나 곽희는 당시의 원근화법이 생생한 현실을 재현하기에는 불완전한 것이라 여겼다. 그래서 그때까지의 방법을 대담하게 쇄신한 새로운 원근법인 삼원법三遠法을 최초로 제시한다. 그것이 『임천고치』의 「산수훈」에 기술되어 있다. 우선 곽희가 삼원을 어떻게 규정하는지를 들어보자.

"산에 구름이 없으면 빼어나지 못하고, 물이 없으면 곱지 못하며, 길이 없으면 활기가 없고, 숲과 나무가 없으면 생기가 없으며, 심원深遠이 없으면 얕게 보이고, 평원平遠이 없으면 가깝게 보이고, 고원高遠이 없으면 낮게 보인다.

산에는 삼원三遠이 있다. 산 아래에서 산마루를 쳐다보는 것을 고원이라 하고, 산 앞에서 산 뒤를 굽어보는 것을 심원이라 하며, 가까운 산에서 먼 산을 바라보는 것을 평원이라 한다."

화가 곽희가 훈시하는 삼원이란 결국 그림 속의 산을 멀리 보이게끔 하는 세 가지 표현기법인 셈이다. 다시 말해서 산이 화폭이라는 평면에서 그것을 감상하는 사람들에게 깊고 아득하게 보이도록 하기 위한 구도의 기법이다. 그런 의미에서 곽희의 삼원론은 깊이에 대한 지각을 통한 공간의 실재감實在感이라는 풍경 체험의 핵심과 서로 통한다.

곽희가 훈시하는 산의 삼원론을 실마리로 하여 3차원의 시각 세계의 성질을 상세히 살펴보자. 이는 대지의 시각상이 고공에서의 그것과는 달리 가까움과 멂이라고 하는 저시점 투시상 특유의 공간 형상이라는 점을 자각하는 데서 출발한다. 먼저 제임스 깁슨의 시공간視空間 지각이론으로부터 시작하자.

먼저 그림 1을 보자. 왼쪽 그림(제임스 깁슨, 『시각 세계의 지각』에서 인용)에는 각각 크기가 다른 세 개의 원기둥이 서 있다. 그러나 배경을 없애버린 오른쪽의 그림에서는 원기둥들이 동일한 크기로 보인다. 시각심리학자 제임스 깁슨이 『시각 세계의 지각』에서 "우리의 3차원의 시각 세계는 거기에 있는 물체에 의해서가 아니라 그 물체들의 배경에 의해 주어진다"라고 한 말은 이 그림을 설명하기에 가장 적절하다.

그가 말하는 배경은 왼쪽 그림에서 보는 바와 같이 물체가 놓여진 바닥 표면과 측면, 그리고 천장으로 모두 네 면이다. 이 네 면은 시선과 평행하여 있다. 이 면들은 시선 방향으로 멀리 갈수록 그 결이 조밀해진다. 이러한 성질을 가진 배경이 없으면 오른쪽 그림에서 보듯 원기둥은 그저 동일한 크기로 병치되어 있을 뿐이다. 시선에 평행하며

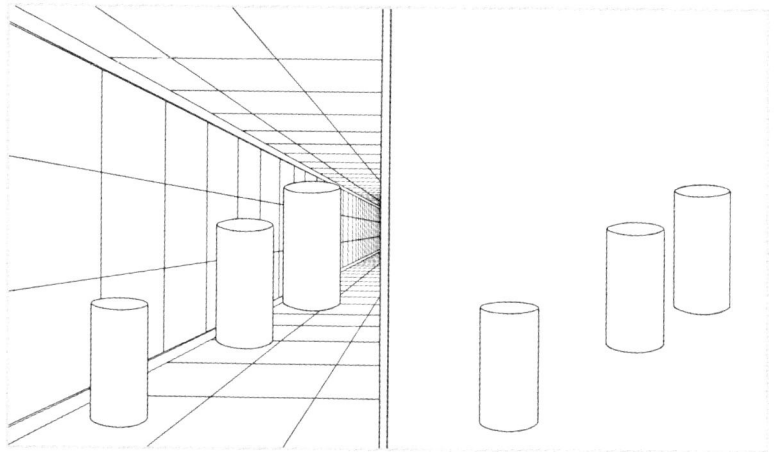

그림1) 시선에 평행하며 멀어질수록 그 결이 조밀한 네 면의 공간적 질서 속에 원기둥이 서 있을 때 비로소 그 각각이 실제 크기로 보이게 된다.

시점과 거리가 멀어질수록 그 결이 조밀해지는 네 면의 공간적 질서 속에 원기둥들이 서 있을 때 비로소 그 각각이 실제 크기로 보이게 된다.

공간의 깊이감각을 지각하게 하는 시선에 평행한 면은 공간 속에 한 점을 차지하고 있는 사람을 중심으로 지평선에까지 펼쳐져 있다. 옥외 공간에서 체험되는 시선에 평행한 면은 길을 덮는 가로수나 간단한 차양막을 제외하고는 거의 대부분이 하늘이다. 이를 일단 제외하면 대개 시선에 평행한 면은 바닥면과 좌우측면이다.

깁슨은 시선에 평행한 면의 투시적 성질을 그림 2(제임스 깁슨, 앞의 책에서 인용)로 설명한다. 이 그림은 시점에서 멀어지는 면의 투시상이 압축되는 현상을 설명하기 위한 것이다. 시선에 평행한 표면은 그 투시상의 가로면(W)의 크기는 거리에 반비례($1/D$)하지만, 세로면(V)은 거리의 곱에 반비례($1/D^2$)한다. 이것은 시선에 평행한 면은 같은 거리

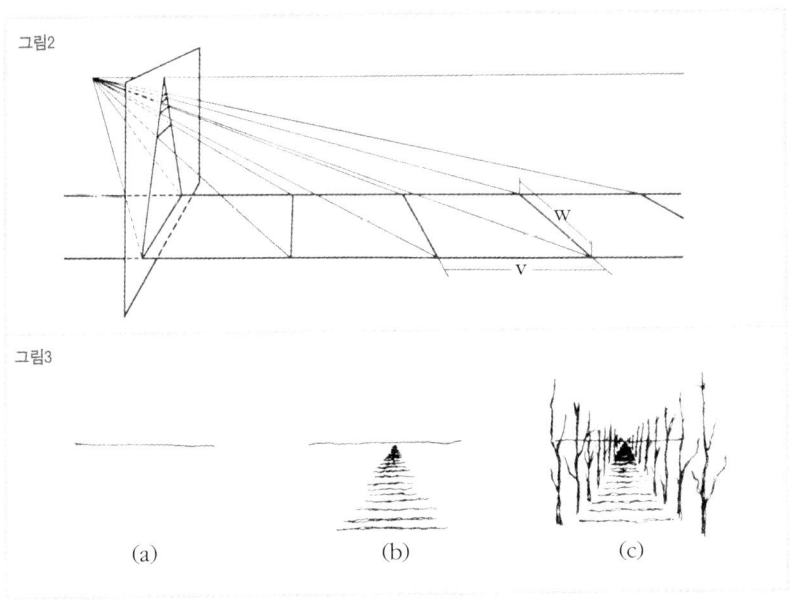

그림2) 시선에 평행한 표면은 그 투시상의 가로면(W)의 크기 거리에 반비례(1/D) 하지만, 세로면(V)은 거리의 곱에 반비례(1/D²)한다.

그림3) 거리가 멀어짐에 따라 그 표면의 결의 밀도가 높아지는 것을 알 수 있는 성질의 면이 배경에 덧씌워지면 점차 깊이 있는 공간으로 변화한다.

라고 하더라도 가로면과 세로면의 투시상은 그 크기가 현저하게 다르다는 것을 설명하고 있다.

그림 3(히구치 타다히코, 『경관의 구조』에서 인용)을 보자. 거울면이나 수면과 같은 평지는 그림 3(a)와 같이 그 공간의 깊이를 알기 힘들다. 망망대해를 항해하는 배에서 좀처럼 배의 속도감이나 진행거리감이 느껴지지 않는 것도 그 때문이다. 그러나 거리가 멀어짐에 따라 그 표면의 결의 밀도가 높아지는 것을 알 수 있는 성질의 면이 배경에 덧씌워지면 그림 3(b), 그림 3(c)와 같이 점차 그 공간의 깊이(거리)를 알 수 있게 된다. 가로수길이 곧잘 질주의 감각을 야기하는 것과 계곡이 깊숙한 느낌이 드는 것은 이러한 공간적 성질에 의해서다. 일본의 경관공학자 히구치 타다히코는 이를 다음과 같이 설명한다.

"시선에 평행한 면의 구성 방법과 함께, 그 면이 이루는 결의 단조

段調를 얼마나 인식하기 쉬운가에 따라서도 풍경의 깊이감이 좌우된다. 초지일 때와 수목으로 덮여 있을 때, 건물이 빽빽이 들어서 있는 경우와 사막 혹은 수면일 때, 또 모든 지표면이 눈으로 덮여 있을 때, 이 모든 것이 물리적으로 동일한 깊이라고 하더라도 지각적인 깊이는 다를 것이다."(히구치 타다히코, 앞의 책)

물체의 깊이 지각이 그 물체의 배경에 의하여 획득된다고 하는 깁슨의 시공간지각이론은 이 정도로 해두고 곽희의 삼원으로 돌아가자.

"산 아래에서 산마루를 쳐다보는 것을 고원이라 하고"

곽희가 말하는 삼원 가운데 하나인 고원의 산은 단순히 높은 산을 일컫는 것이 아니다. 높으면서도 멀리 있는 산이다. 곽희가 교시하는 고원의 기교는 다양하다. 그러나 그 의도는 공간의 깊이와 산의 높이를 아울러 체험할 수 있게 하는 것이다. 그렇지 않아도 높은 산을 더 높고 더 멀리 보이도록 하는 기법을 일부러 언급한 것은 같은 높이의 사물이라도 멀리 있게 보이는 것이 있는가 하면 그렇지 않은 것이 있기 때문이다.

예를 들면 시각적인 높이를 나타내는 지표인 앙각이 동일한 건축물과 산이라고 하더라도 지각되는 높이는 다르다. 그림 4(히구치 타나히코, 앞의 책에서 인용)를 보자. (b)와 같이 시선에 평행한 면을 사이에 두고 있는 건축물은 그것을 보는 사람과 거리를 두고 서 있는 듯이 보인다. 하지만 (a)와 같이 연속한 경사면은 거리감이 지각되지 않고 압박감만 전달된다. 그것은 시선에 평행한 면으로 된 배경이 삽입되어

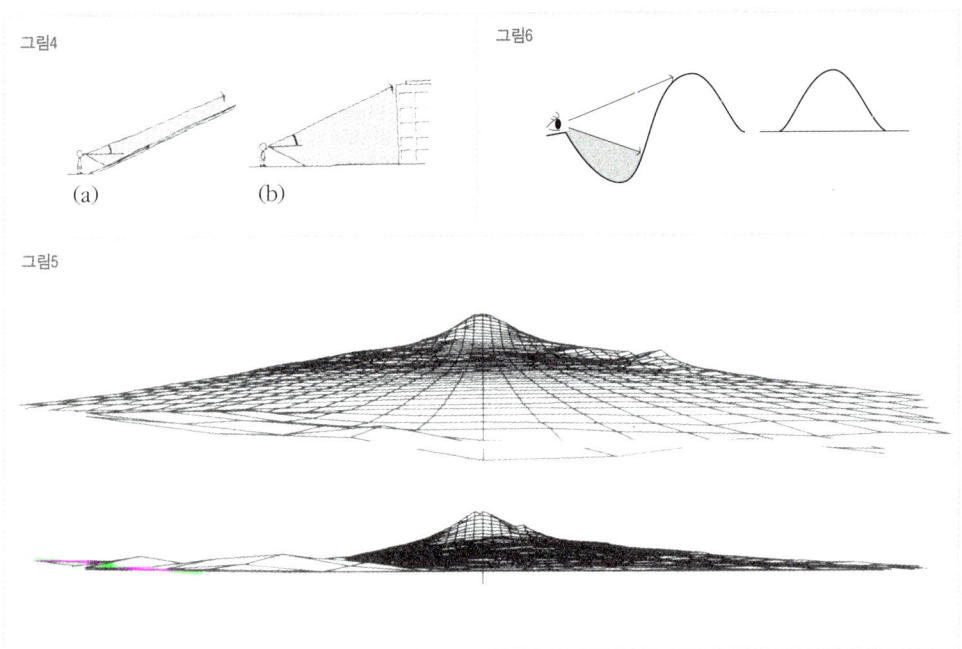

그림4) 같은 앙각의 건축물과 산이라고 하더라도, 시선에 평행한 면을 사이에 둔 건축물은 거리를 두고 서 있지만, 연속한 경사면의 산은 시선에 평행한 면이 삽입되어 있지 않으므로 경사면의 압박감만 전달된다.
그림5) 산과 그것을 보는 사람 사이에 시선과 평행한 면으로 평평한 평지(아래)보다는 약간 오목한 지형이 삽입되었을 때(위) 거리적인 깊이와 산의 높이를 동시에 과장되게 지각하게 된다.
그림6) 깊이 오목한 지형은 연속된 지표면의 일부분이 시야에서 사라지게 되어, 그 면의 연속성이 지각되지 않게 된다.

있지 않기 때문이다. 다시 말해서 대상에 대한 거리 지각은 그 대상과 시점 사이에 시선에 평행한 면이 있는가의 여부에 의해 그 질이 좌우된다.

따라서 우뚝 솟아 있으면서 멀리 있는 듯이 보이는 고원高遠의 산은 그 높이는 물론이거니와 그 산과 시점과의 사이에 시선에 평행한 면으로 된 배경의 존재가 필요하다. 그 면이 연속적으로 펼쳐지면 질수록 그 면이 끝나는 지점에 서 있는 산은 그 연속량만큼 멀리 있는 듯이 보인다.

산과 그것을 보는 사람과의 사이에 시선과 평행한 면으로 평평한 평지보다는 약간 오목한 지형이 삽입되었을 때 거리적인 깊이와 산의 높이를 동시에 과장되게 지각하게 된다. 이것을 그림을 이용하여 좀 더 살펴보자. 그림 5(히구치 타다히코, 앞의 책에서 인용)에서 위는 시점과 산 사이에 오목한 지형이 개재된 경우를, 아래는 평지가 삽입된 경우를 시뮬레이션한 것이다. 오목한 지형이 삽입되어 있는 쪽이 평지의 경우에 비해 시점에서 산으로 이어지는 지표면의 결이 점진적으로 조밀해지는 것이 쉽게 지각되며, 따라서 시점에서 산기슭까지 연속적으로 멀어지는 거리감이 잘 인식된다. 특히 지표면이 한차례 가라앉았다가 재차 솟아올라 있어서 산이 기슭에서 우뚝 솟아오르는 양태와 그곳까지의 거리감이 강조되어 있다. 이런 식으로 보이는 산을 '웅대한 조망'이라고 할 수 있다.

그러나 그 오목한 지표면이 예를 들어 그림 6과 같이 깊은 골이었을 때는 사정이 달라진다. 깊이 오목한 지형은 연속한 지표면의 일부분이 시야에서 사라지게 되어, 그 면의 연속성이 지각되지 않게 된다. 따라서 산과 그것을 바라보는 사람과의 사이에 거리감을 알 수 있는 지표면의 상실로 인해 거리적 연속성도 상실되고, 단지 시선에 수직한 면으로서 경사면과 산체가 지각될 뿐이다. 멀리 있는 산을 정원의 담 너머에 있는 듯이 보이게 하는 차경이라는 정원술은 원리적으로는 이와 같은 수법으로 연출된다.

웅장하게 보이도록 수면을 전경에 둔 정원 건축이나 절벽 위의 정자를 바라보는 것 역시 곽희가 말하는 고원의 풍경이다. 물론 시선에 평행한 면만이 산을 높아 보이게 하는 것은 아니다.

"산을 높게 그리려 할 때 산을 생긴 대로 다 드러내면 높아 보이지 않게 된다. 안개나 구름으로 산허리를 가려야 높아 보인다."

안개나 구름이 산허리를 감추고 있는 산은 높아 보이기도 하지만 멀어 보이기도 한다. 공기원근법이다. 맑은 날은 먼 산이 가깝게 느껴지지만 안개가 낀 날은 가까운 산도 멀리 있는 듯이 보인다. 시선에 평행한 오목한 면과 산허리를 가리는 운무雲霧는 고원의 산을 체험하기에 더없는 도구다.

"가까운 산에서 먼 산을 바라보는 것을 평원이라 한다."

평원에 대한 곽희의 기술은 대략 이정도다. 평원의 산을 흔히 넓고 광활한 느낌이 드는 산이라고 한다. 미술사학자들에 따르면 평원은 곽희가 처음 고안한 것이 아니라 중국 북송의 화가 이성李成에서 비롯되었다고 한다. 그는 안개와 나지막히 연이어 겹쳐진 구릉으로 넓고 깊은 산수의 경지를 표현했다.

 평원은 고원의 산과는 달리 반드시 높을 필요는 없지만 아득하게 멀리 있는 산을 대상으로 한다. 그 평원의 산을 체험하는 데는 마찬가지로 시선에 평행한 면의 존재가 배경에 필요하다.

 평원의 산을 연출하는 배경의 특성을 그림 7(히구치 타다히코, 앞의 책에서 인용)의 도움을 얻어 이해하면 다음과 같다. 그림 7은 도로와 경사면으로 이루어진 시선에 평행한 면이 산과의 거리감을 연출하고 있음을 보여준다. 도로와 그 가장자리의 경사면, 그리고 겹쳐져 있는 평원의 지형이 산을 극적으로 보여주고 있다. 주목해야 할 것은 시선에 평행한 바닥면과 경사면이 산과의 거리감을 연출하고 있다는 점이다. 그러나 이 그림에서는 아득함이 느껴지지 않는다.

 곽희는 평원의 산은 아득해야 하며 그러기 위해서는 '언덕과 고개가 중첩'할 것과 그것들이 '구비구비 연이어' 져 있는 배경을 마련해 둘 것을 당부한다. '언덕과 고개가 중첩하여 아득하도록 구비구비 연이어' 있는 배경이 평원의 산을 체험하게 한다는 말은 바닥 표면과 길 좌우 경사면의 표면에 나타난 결의 단조가 그림 7과는 달리 불연속적이며 불규칙적이어야 한다는 말이다. 자연의 산수에서는 조그만

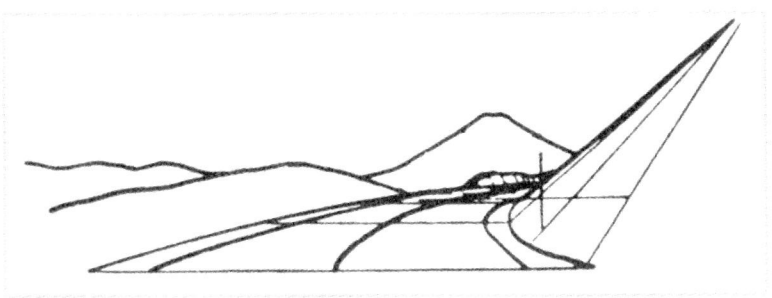

그림7) 도로와 경사면으로 이루어진 시선에 평행한 면이 산과의 거리감을 지각하게 한다.

지형의 기복이나 경물의 포치布置로 인해 시선에 평행한 면이 곧잘 불규칙적이고 불연속적으로 되기 때문이다.

이러한 불연속면이 공간의 깊이 지각을 증폭시킨다. 그리고 그 불연속면에 형성된 은폐지는 유심幽深의 경지를 연출한다. 물론 평원의 배경으로서 이 불연속면은 그저 얕은 구릉이다. 그래야 넓고 광활한 평원 특유의 풍경이 체험된다. 이러한 배경에 산 중턱을 운무로 가리는 공기원근법이 가해지면 더 아득하고 그윽한 평원의 산이 체험될 것이다.

"산 앞에서 산 뒤를 굽어보는 것을 심원이라 하며"

우리의 두 눈에 맺히는 시각상의 차이로 획득하는 거리 지각이 기껏해야 500m가 한계라는 것을 감안하면 '겹침'은 원근 지각의 가장 중요한 실마리다. 동일한 형태의 도형 두 개가 겹쳐져 있을 때 한쪽이 가려진 도형은 뒤편에 있는 듯이 보인다. 이것이 겹침에 의한 원근법이다. 특히 우리나라와 같이 산이 많고 굽이치는 골짜기가 많은 곳에서 겹침은 거리 지각에 있어 매우 중요하다.

심원의 산은 화폭 위에 산들을 겹치게 그려서 공간을 깊이 있게 표현한 것이다. 천첩옥산千疊玉山이라는 말 혹은 "강 위의 천 산은 시름 속에 첩첩江上愁心千山疊"이라고 소동파가 노래한 것이 바로 심원의 풍경이다. 상세하게 보이는 근경의 경물들에 가려서 그 일부만 드러내고 있는 산은 겹쳐져 뒤에 있게 될수록 양괴감量塊感은 상실하고 평면의 실루엣으로 서 있다. 깊고 먼 곳에 있는 산이다.

하지만 산들을 겹쳐놓는 것만으로 거리감이 실감 있게 표현되는 것은 아니다. 곽희가 "심원의 색은 무겁고 흐리며"라고 부연하듯이 멀리 있게 보이려면 겹쳐져 뒤편에 있는 산은 그 색이 단순하고 흐려야 한다.

이 겹침의 원근법은 물에서도 마찬가지로 유효하다.

"물을 멀리 보이도록 그리려 할 때 그것을 있는 그대로 다 드러내면 멀게 보이지 않게 된다. 그 맥을 가리고 잘라놓으면 멀게 보인다."

'그 맥을 가리고 잘라놓으면'이란 물길을 지형이나 수목 등 다른 경물로 가려 보이지 않게 한다는 말이다. 계곡의 지형이 이리저리 꺾이면서 산 깊숙한 곳으로 이어지는 유심의 경지를 표현하기 위해서는 물길과 경물이 겹치도록 묘사할 것을 교시하고 있다.

정선의 「보덕굴普德窟」은 좌우에서 산과 벼랑이 좁혀들어 깊숙이 패인 계곡이 점점 멀어지면서 이에 따라 산도 멀리 보이게끔 그려져 있다. 물론 이 그림은 "벽하담을 중심으로 아래위로 이어진 이 물줄기는 조금도 장원유심(長遠幽深, 길고 멀며 그윽하고 깊음)한 느낌이 들지 않는다"고 한 미술사가 최완수의 평가대로, 물길이 겹쳐지고 경물로 가려놓는 이른바 '겹침'이라는 기법을 사용했다면 심원의 산으로 손색없었을 것이다.

심원은 산수의 풍경뿐 아니라 일상 생활에서도 흔히 체험한다. 예를 들면, 차창 밖으로 펼쳐지는 경물들이 질주하는 차량의 속도와 방향에 따라 겹쳐지고 벗겨지고 다시 겹쳐지는 것을 반복할 때 우리는 공간 깊숙이 헤쳐나가고 있음을 체감한다. 이것 역시 심원의 체험이다.

정선, 「보덕굴」.
좌우에서 산과 벼랑이 좁혀들어 깊숙이 패인 계곡이 점점 멀어지면서
이에 따라 산도 멀리 보이게끔 그려져 있다.

곽희의 삼원론을 깁슨의 시공간지각이론으로 부연하여 살펴보았다. 삼원론은 물론 현재 우리가 알고 있는 원근법을 모두 설명해주지는 않는다. 그럼에도 이를 눈여겨보는 것은 시각 세계의 실재감이 공간의 깊이 지각으로 체험된다는 점을 배우려고 하기 때문이다.

심산深山, 고산高山, 그리고 평원平遠의 산이란 산체 그것만으로 체험되는 것이 아니다. 그 산의 배경이 되는 지형과 물과 또 다른 경물들이 절묘한 구도로 관계를 맺을 때 비로소 깊고 그윽하고 아득하게 보인다. 곽희가 삼원의 산을 설명하면서 산 그 자체의 형상을 언급하지 않은 것도 이 때문이다. 풍경이 관계의 미학이란 것을 곽희를 통해 다시 한 번 확인하게 되는 셈이다.

사용하듯이 보는 풍경

따뜻한 「세한도」 풍경

쾌적한 도로와 아름다운 물가 풍경

따뜻한「세한도」풍경
와유적 풍경 감상법과 점경물의 역할

중국의 화가 곽희에 따르면 산수화를 감상하는 것은 벽에 걸린 화폭 속으로 뛰어들어가 실제의 산수 속에 있는 듯이 그 공간을 체험하는 행위다. 무더운 여름, 피서 행렬에 낄 생각이 들지 않는다면 그림 속에서나마 겨울 풍경을 거닐어보는 것은 어떨까. 겨울 풍경이라면 언뜻 떠오르는 것이 추사 김정희(金正喜 1786~1856)의「세한도歲寒圖」다.

「세한도」는 추사가 그의 제자 우선藕船 이상적(李尙迪 1804~1865)에게 그려 보낸 작품이다. 화폭의 오른쪽 위에 써놓은 화제畵題를 보면 '세한도 우선시상 완당歲寒圖藕船是賞阮堂'이라 적혀 있다. 미술사학자 오주석은『옛 그림 읽기의 즐거움』에서 이 화제를 '추운 시절의 그림 일세, 우선이! 이것을 보게. 완당'으로 풀이한다. 추사가 제주에서 유배생활을 할 때 북경에서 귀한 책을 구해다 준 제자의 인품에 감격하여 그의 성품을 송백松柏의 지조에 비유한 답례 그림이다. 환갑을 앞둔 1844년의 작품이다.

그런데 어떻게 그림 속의 겨울 풍경을 실제처럼 체험할 수 있는가. 대청이나 방안에서 나오지 않고서도 풍경을 즐길 수 있는 것은 어떤 심리적 기제에 의해 성립하는가.

김정희, 「세한도」. 겨울을 배경으로 한 이 작품에서 과연 추위가 느껴지는가.

    이 체험의 기제를 알아보기 위해서는 먼저 우리 눈에 보이는 시각 세계의 주술적 의미에 대해 이해할 필요가 있다. 「세한도」의 체감 온도의 문제를 논의하기 위해서는 '환경 세계Umwelt'의 의미론을 먼저 거론해야 할 듯하다.

    환경 세계라는 용어는 육스퀼에 의해 제기되었다. 이 용어를 설명하기 위해 육스퀼은 다음과 같은 예를 든다.

    맹견 한 마리가 길가에서 어떤 사람을 향해 짖어대는 상황이라고 하자. 그 사람은 개를 쫓아버리기 위해 길바닥에 깔려 있는 '돌 조각'을 집어들어 던진다. 문제는 이 돌 조각의 의미다. 육스퀼은 이 돌의 형태도 무세노 그 외의 물리적·화학적 성질도, 색과 강도, 결정 구조도 변하지 않았지만 실제로는 그 돌에 근본적인 변화가 일어났다고 봐야 하는데, 그것은 바로 의미의 변화라고 했다.

    길바닥에 있을 때 돌 조각은 보행자의 발을 지지하는 역할을 하고 있었다. 이때 돌 조각은 길의 일부다. 육스퀼의 용어로 말하면 '길의 톤tone'을 띠고 있었다. 그러나 이 돌 조각이 사나운 개에게 던져지는 순간 그것은 더 이상 길의 한 부분으로서의 의미를 지니지 않게 된다. 사나운 개를 쫓아버리기 위한 무기가 되는 것이다. 이때 돌 조각은 '투척投擲의 톤'을 띠게 된다. 즉 새로운 의미가 돌에 새겨지는 것이다. 개의 입장에서 보면 그 돌 조각은 낯선 자에 대한 경계의 몸짓을 움츠러들게 하는 위협물이다. 이처럼 동일한 사물이라 하더라도 그 주체가 처한 입장에 따라 각기 다른 '의미의 톤'을 지니게 된다.

육스퀼은 이 '의미의 톤'이라는 개념을, 동일한 대상이 각각 다른 주체에 따라 변화하는 환경 세계의 의미 문제로 확대한다. 다소 길지만 그 부분을 소개하면 다음과 같다.

오른쪽 그림(야콥 폰 육스퀼, 『생물로 본 세계』에서 인용)은 동일한 방 안에 있는 대상물을 사람과 개, 그리고 파리와 관련된 작용의 톤에 따라 각각 다른 색으로 표현한 것이다.

만약 이 방에 사람이 들어간다면 그의 눈에 방의 모습은 맨 위의 그림과 같이 보일 것이다. 의자는 좌석의 톤, 탁자는 식사의 톤, 그리고 컵과 접시 등은 각각 그것에 대응하는 작용의 톤으로 나타난다. 바닥은 보행의 톤, 책장은 독서의 톤, 책상은 글을 쓰는 톤, 벽은 장애물의 톤, 램프는 빛의 톤으로 나타난다.

개가 그 방에 들어간다면 그 눈에는 가운데 그림의 모습으로 보일 것이다. 사람과 동일한 색으로 표현되는 것은 겨우 식사, 좌석의 톤이 있을 뿐 나머지는 장애물의 톤으로 나타난다. 회전의자도 너무 빙글빙

보는 주체에 따라 동일한
대상이 어떻게 달라지는지
표현한 그림. 위에서부터 사람, 개,
파리의 눈에 비친 방안의 모습.

글 돌아서 개에게는 좌석의 톤을 가지고 있지 않다.

파리에게는 맨 아래 그림과 같이 램프와 탁자 위에 있는 대상물을 제외하고는 모든 것이 보행의 톤을 띠는 것으로 관찰되었다.

육스퀼의 주장은 동일한 환경이라도 그 환경을 이용하는 주체에 따라 제각기 다른 의미의 톤을 지닌다는 것이다. 이것은 물리적 실체로서의 환경이 주체에 따라 그 의미가 재편된다는 말이다. 이러한 주장을 제시하면서 그는 환경 세계를 이렇게 정의한다.

"어떤 사물도 주체에 따라 지각되는 지각 세계Merkwelt가 되고 그것은 주체의 행동 의도에 따라 작용 세계Wirkwelt가 된다. 지각 세계와 작용 세계가 공동으로 하나의 통일체, 즉 환경 세계Umwelt를 만들어낸다."(야콥 폰 육스퀼, 앞의 책)

육스퀼은 이 지구 세계에 존재하고 있는 수많은 생물들이 각각의 행동에 따라 분절한 의미의 세계를 구축하여 살고 있다는 점을 얘기하고 싶은 것이다.

그런데 여기서 주목하고 싶은 것은 육스퀼이 인간의 환경 세계를 기술한 부분이다. 인간의 환경 세계에서 의자는 좌석의 톤, 탁자는 식사의 톤으로 분절되고 있다. 다시 말해서 인간의 환경 세계에서는 의자는 앉을 수 있는 좌석으로, 탁자는 식사라는 음식 행위를 지원하는 것으로 분절되어 있다. 마찬가지로 바닥은 걸을 수 있는 곳으로, 책장은 독서, 책상은 글쓰기를 하는 장소로 분절되어 있다. 실제로 우리는 이러한 방식으로 방안의 사물을 분절하고 의미를 부여한다. 물론 의미가 부여된 것에는 이름이 붙어 있다.

각각 다른 색으로 분류된 방안의 사물들은 그 분류의 스펙트럼만큼 다양한 의미로 가득 차 있다. 그 분류의 기준은 방안을 가득 채운 사물을 사용할 인간의 입장에서 본 기능이다. 다시 말해서 환경 세계에서 의미를 지니고 존재하는 각각의 사물은 주체의 행위에 대응하는 성능을 지니고 있다고 이해할 수 있다. 행동심리학은 이미 이 사실을 지적하고 있다.

우리 눈앞에 있는 사물은 단순히 형태를 띠고 공간을 점유하고 있는 물체로 보이는 것이 아니라 그 사물의 성능으로 보인다고 한다. 날이 시퍼렇게 선 칼이 단순히 얇고 긴 금속체로 보이기보다는 다짜고짜 섬뜩하게 보이는 이유도 우리의 시각 세계가 이미 의미 세계라는 것을 말해준다.

행동심리학자 톨맨은 이렇게 말한다.

"의자는 거기에 앉으면 기분 좋게 쉴 수 있거나 글을 읽을 수 있는 것으로 보인다."

그는 우리 눈앞에 있는 사물은 그것이 어디에 쓰이는가라는 명제(命題, proposition)로 현시現示되고 우리의 지각은 그 사물이 함의하고 있는 명제에 대해 반응하는 것이라고 한다. 다시 말해서 의자는 객관적인 물체로서가 아니라 그것이 기능하는 성능으로 보인다는 말이다.

인지심리학자 제임스 깁슨에 따르면 우리가 보는 이 세계는 공간 형상의 고유한 도형적 성질에 의한 시각적 분절을 넘어 "~할 수 있는 듯이 보인다." 그는 이를 '공간의 가능적 의미'라고 설명한다. 부드럽게 보이는 모피, 편안하게 몸을 감쌀 듯한 푹신한 가죽의자, 먹음직스러운 음식, 단숨에 자를 수 있는 듯 보이는 날이 시퍼렇게 선 칼, 뜨거워 보이는 불, 비가 올 듯한 먹구름의 하늘…. 깁슨이 열거한 가능적 의미를 띤 공간들이다.

이들의 이론을 정리하고 이를 풍경 체험의 문제로 되읽은 이는 일본의 경관학자 나카무라 요시오다. 그는 『풍경학입문』에서 "실생활에서 지각되는 공간이나 물체는 우리들의 행동 또는 가상의 행동과 관련한 다양한 의미로 가득 차 있다"고 하면서 이것을 '공간의 조작적 의미manipulative meaning of space'로 명명하고 다음 세 가지로 분류·정리하고 있다.

(1) 가상의 공간운동적 의미: 물체는 그것을 쥐거나, 밀거나, 또는 그 위를 걸을 수 있는 것처럼 보인다.

(2) 가상의 이용 또는 필요에 근거한 의미: 음식물은 먹을 수 있는 듯이 보인다. 물은 건드리면 기분 좋을 듯이, 그늘은 그 속에 들어가면 시원할 듯이 보인다.

(3) 기계적 의미: 기계, 장치, 구조물은 그것의 기능이나 능력에 관련된 의미를 가진다. 건축물은 그 속에 들어가서 몸을 숨길 수 있는 것처럼 보인다. 다리의 교각은 상판을 지탱하고 있는 듯이 보인다.

이런 공간의 의미는 우리의 촉감이나 근육, 혹은 신체의 운동과 관련되어 있다. 상판을 지탱하고 있는 교각을 보고 있노라면 어느새 그 교각을 보고 있는 관찰자 자신이 교각이 된 듯이 힘을 주고 있는 것을 발견하게 된다. 가상의 자기가 교각이 되어 상판을 지탱하고 있는 것이다. 이를 두고 나카무라는 이렇게 말한다.

"사람과 자연이 일체가 된 융즉적 감응融卽的感應의 세계가 펼쳐지고 있다. 이것은 조작적 의미보다는 시각의 주술성에 가깝다."

여기서 말하는 시각의 주술성을 실례를 들어 상세히 알아보자. 먼저 주목해야 할 것은 산수화에서의 점경인물点景人物이다.

미술사가 유홍준은 정선의 「신묘년 풍악도첩」의 점경인물을 조선 산수화의 가능성을 연 것으로 평가한다면서 다음과 같이 말하고 있다.

"본래 산수화에서 점경인물이 갖는 중요성은 바로 그 인물이 있어야 현장감이 살아나고 산수의 스케일이 올바로 느껴지며 나아가 그림이 지향하는 분위기가 잡힌다는 데 있다. 그래서 산수화의 대가들은 자기 나름의 점경인물법을 갖추고 있다."(유홍준, 『화인열전』)

유홍준이 말하는 산수화에서의 점경인물의 역할 중 특히 중요한 것은 현장감을 살리는 것이다. 여기서 말하는 현장감이란 실재하는 풍경 속을 거니는 듯한 느낌을 말한다.

곽희도 산수화를 실제 풍경을 대신하는 것으로 여겼고, 정선 역시 곽희의 영향을 많이 받았으므로 그림에서 현장감을 중요하게 여겼을 것이다. 아울러 인물 점경의 중요성을 누구보다 잘 알고 있었을 것이다.

「단발령망금강산斷髮嶺望金鋼山」에도 구불구불한 산길을 오르는 사람들과 고갯마루에 도포를 입고 서 있는 선비들이 그려져 있다. 유홍준의 주장대로라면 이 인물들이 현장감을 살리는 소도구다. 그런데 어

정선, 「단발령망금강산」.
구불구불한 산길과 고갯마루에 있는 도포를 입은 선비들이
이 그림의 현장감을 살리는 소도구다.

떻게 그림 속의 인물이 현장감을 살리는가. 그것은 '공간의 조작적 의미'로 말하면 그림을 감상하는 사람은 그림 속의 인물이 되어 그 산수 속에 직접 참여하고 즐기기 때문이다. 산수의 점경인물은 '대리의 자아'인 셈이다.

이 그림을 본 사천 이병연은 다음과 같은 제화시를 지었다.

드리운 길 구불구불 용이 오르는 듯
드높은 절정엔 두 그루의 소나무가 표난다
홀연히 만난 천지 밝은 세계라
봉래산 일만 봉을 처음 보겠네.
(최완수, 『겸재를 따라가는 금강산 여행』에서 인용)

마치 그림 속의 인물이 되어 단발령의 고갯마루를 막 오른 듯한 벅찬 감개가 잘 드러나 있다. 그림에 제화시를 짓는 이 풍류 행위는 점경인물을 통한 공간에의 가상적 참여라고 하는 와유臥遊의 감상법에 의해 지탱되고 있다.

곽희의 『임천고치』에도 이런 말이 있다.

"산의 인물은 길이 있음을 나타내는 것이요, 산의 누각은 명승을 나타냄이요, (중략) 물에 나루터와 다리가 있음은 인간의 생활을 나타내는 데에 족하며, 물에 고깃배와 낚싯대가 보임은 인간의 정취를 나타내는 데에 족하다."

산에 인물을 그려놓으면 거기에는 그 인물이 걸어가고 있는 길이 있으며, 활기 있어 보인다. 물에 고깃배와 낚싯대를 드리운 사람이 그려져 있으면 그들과 같이 물놀이를 하는 듯한 기분이 든다.

점경인물은 나카무라 요시오의 말대로 보는 사람의 가상 행동을 유발하고 그 행동과 장소에 상응하는 기분을 맛보게 함으로써 그 풍경 속에 실제로 머무는 듯한 느낌을 자아낸다.

그러나 와유를 유발하는 것은 점경인물에 국한되는 것이 아니다. '산의 누각은 명승을 나타낸다'는 말 역시 공간에의 가상적 참여를 전제하고 있다. 누각은 대개 풍광지에 세워지게 마련이므로 그림 속의 누각은 그곳에서 바라볼 좋은 풍경이 있다는 것을 암시한다. 따라서 그림 속의 누각은 그 그림의 감상자인 '가상假想의 자기'가 거기에 들어가 아름다운 풍광을 체험할 수 있는 듯이 보이게 한다.

산수화의 풍경 속을 거닐 듯이, 실제 풍경을 와유하듯 체험하는 감상법을 와유적 풍경 감상법이라고 한다.

"와유적 풍경 감상이란 요컨대 그저 주위를 바라보는 것이 아니라 공간을 사용하듯이 보는 것이라고 할 수 있다."(나카무라 요시오, 앞의 책)

와유적 풍경 감상법이 풍경 체험의 하나의 수법이라고 한다면 그런 체험을 유발하는 점경물은 풍경에 생기를 불러일으키는 중요한 소도구라는 점을 자각할 필요가 있다.

절벽 위의 정자, 물가로 다가갈 수 있는 완만한 경사, 물가의 사람들, 오지로 나 있는 좁은 길, 깊은 산 속의 산장, 뙤약볕에 넉넉한 그늘을 품고 서 있는 거목, 망망한 바다 위 한 척의 배, 물가의 버드나무.

그러나 와유적 체험을 유발하는 점경물은 그 정도가 지나치면 풍경을 망가뜨릴 수 있다. 유홍준은 이렇게 말한다.

"특히 점경인물은 점경인물로 그쳐야지 더 자세하면 '튀기' 때문에 오히려 그림에 속기가 드러난다."

이 말은, 풍경 설계에서 건축물의 크기나 배치, 공간의 형상을 '튀지' 않게 해야 은근하고 운치 있는 풍경이 된다는 말로 이해하고 싶다. 풍경 설계가들은 이를 유념해야 할 것이다.

이제 겨울 풍경을 그린 「세한도」를 와유해보자.

소나무와 잣나무 네 그루를 각각 두 그루씩 화면의 좌우에 배치하고 송백 사이에 맛배지붕의 집 한 채를 그려놓았다. 송백에 기대어 있는 집의 배경에는 아무것도 그려놓지 않아 휑한 느낌이 한층 더 강조된다.

그림 속에는 점경인물이 없다. 대신 건물이 한 채 있다. 공간을 사용하듯이 보는 와유적 풍경 감상으로 보면 대개의 건축물은 그 속에 들어가서 쉴 수 있을 듯이 보인다. 물가의 누각이 명승의 감상처로 보인다면, 추운 벌판에 서 있는 견고한 건축물은 그 추위를 피할 수 있는 따뜻한 안식처로 보인다.

건물은 둥근 창 하나만 내고 있는데 벽면의 두께가 꽤 두꺼운 것을 보니 제법 냉기가 차단되는 나긋한 집인 듯하다.

점경인물이 없는 것은 건물 속에 몸을 숨기고 있기 때문일 것이다. 가상의 '나'는 혹한의 겨울을 따뜻하게 지낼 수 있는 맛배지붕 집 안에 들어가 있다. 그래서 「세한도」의 피부 감각은 춥지가 않다. 오히려

최북, 「풍설야귀인」.
눈 내리고 바람 부는 겨울 밤,
집으로 돌아가는 두 사람이 느끼는
추위가 고스란히 전해진다.

따뜻하다.

  추사 김정희가 이를 몰랐을 리 없다. 이 그림은 추위를 견디는 인간을 그리려 한 것이 아니라 모진 바람에도 미동도 하지 않는 소나무와 잣나무의 절개를 나타내려 한 것이다.

  피서를 위해서는 다른 그림이 좋을 듯하다. 호생관 최북(崔北 1712~1786)의 「풍설야귀인風雪夜歸人」은 어떨까. 눈 내리고 바람 부는 겨울밤 집으로 돌아가는 두 사람의 모습을 그린 이 그림에서는 고스란히 그 추위가 느껴진다.

쾌적한 도로와 아름다운 물가 풍경
기대 행동이 가능해보이는 공간의 중요성

"도구는 손의 연장延長이다. 도구는 거의 손의 부속품 혹은 사용자 자신의 신체의 일부다."(제임스 깁슨,『생태적 시각론』)

이 말의 의미는 이렇다. 미용사가 가위로 머리를 자르는 일을 처음 시작했을 때는 눈과 손끝의 감촉으로 머릿결과 그 길이를 가늠했을 것이다. 그러나 숙련되어감에 따라 신체의 감각이 가위날까지 전달되게 된다. 이윽고 가위날이 고객의 머릿결과 길이를 가늠하고 의도한 머리 모양을 재현한다. 가위를 잘 다루는 장인에게 그것은 피부 바깥에 있는 도구가 아니라 이미 신체의 일부인 것이다.

맹인의 지팡이도 마찬가지다. 처음에는 지팡이를 든 손의 감각으로 바닥의 상태를 느끼다가 점점 익숙해지면 지팡이 끝으로 느낄 수 있게 된다. 어느새 신체의 감각이 지팡이 끝부분까지 연장된 듯이 자연스레 도구를 사용하게 되는 것이다.

도구뿐 아니라 몸에 지니는 생활 용구도 신체가 된다. 한 예로 신발을 들 수 있다. 엄격하게 말하면 발바닥은 그것을 감싸는 신발의 내부를 주로 감촉해야 한다. 그러나 우리의 실제 보행 행동에서 발바닥은 신발의 내부를 감지하는 것보다 길바닥의 평탄감, 재료의 딱딱함과 부드러움, 미끈거림 등은 물론, 자갈길에서는 돌의 크기까지 느낀다. 우리의 살아 있는 몸이 구두 바닥에까지 확장되는 것이다.

그런데 감각이 도구에까지 연장되는 것은 손과 발에 한정된 것이 아니다. 운전을 처음 배우기 시작했을 때를 떠올려보자. 다른 도구와 마찬가지로 자동차가 신체와 유리遊離된 거대한 철덩어리로 여겨졌던 기억이 있을 것이다. 차 문을 열고 운전석에 앉으면 바깥에서 보는 것과는 달리 자동차의 실내가 턱없이 넓어보인다. 상대적으로 운전석에 앉은 자신의 몸이 작아진 듯한 느낌이다. 자동차는 핸들의 조향과 제동과 가속 의지와 무관하게 움직인다. 그러나 익숙해져 감에 따라 운전자는 자신의 몸을 움직이듯이 쉽게, 자신의 뜻대로 자동차를 움직이게 된다. 이때부터 운전자의 몸은 자동차의 부피만큼 커진다.

바퀴는 구두가 그랬듯이 운전자의 발 감각이 연장되어 도로의 표면 상태를 직접 지각한다. 진흙탕을 지날 때는 질퍽거리는 느낌이 바퀴를 통해 발에 직접 전해진다. 자동차를 흔히 '발'이라고 표현하고 자동차가 없을 때 '발이 없다'고 하는 것은 단순히 이동 도구에 대한 의인적 표현이 아니다. 자동차를 이미 운전자의 신체 일부로 인식하고 있는 데서 나온 것이다.

운전자의 몸이 자동차의 부피와 무게만큼 커지거나 무거워지는 몸의 확장감각은 좁은 길을 마주오는 차와 교행할 때나 좁은 터널을 지날 때 운전자의 몸이 움츠러드는 듯한 느낌으로 확인할 수 있다. 낡은 다리를 지날 때 그 다리에 부과되는 자신의 중량감이 느껴지는 것도 자동차가 이미 운전자의 몸이 되었기 때문이다.

그러나 몸의 확장은 도구를 통해서만 이루어지는 것은 아니다. 타자와의 관계에서 비롯되는 경우도 있다. 우선 에드워드 홀의 설명을 들어보자.

"야생동물은 인간 혹은 그들의 적이 가까이 다가와도 어떤 일정한 거리까지는 도망가지 않고 있다."(에드워드 홀, 『숨겨진 차원』)

홀은 적이 다가올 때 일정한 거리감을 두기 위해 도주하기 시작하는 적과의 거리를 도주거리라고 하면서 원칙적으로 동물의 크기와 도주거리와의 관계는 정비례한다고 했다.

도주거리는 적으로부터 피습되지 않을 거리의 최소치다. 그런데 도주거리보다 적이 더 가까이 다가오면 동물은 도주를 멈추고 공격하기 시작한다. 홀은 이 거리대를 공격거리라고 한다.

예를 들어 동물원의 사자는 사람이 다가오면 구석으로 피하지만 더 이상 도주할 수 없는 거리까지 다가오면 태도를 바꾸어 공격하기 위해 사람에게 다가서기 시작한다. 이와 같은 행동을 영역행동이라고 한다.

가까이 다가서는 것에 대해 마치 자신의 신체에 직접 해를 가한 것처럼 반응하는 것은 그 공간까지 동물의 몸이 확장되어 있음을 의미한다.

동물과 같은 정도는 아니어도 사람도 영역감을 가지고 있다. 공원의 잔디밭에 앉아 쉬려고 할 때는 가급적 부근에 사람이 없는 곳을 찾아다니게 된다. 벤치에 사람이 앉아 있으면 그곳을 피해 비어 있는 곳을 찾게 된다. 불가피하게 사람이 있는 벤치에 앉아야 하는 경우라도 그 사람과 가장 먼 곳에 자리를 잡게 된다. 비어 있는 지하철을 탈 때 제각각 빈 곳으로 달려가 가장자리를 차지하는 것도 마찬가지 이유에서다. 타인의 영역을 침범하지 않으면서 자기의 영역에도 타인을 허용하지 않으려는 행동이다.

사람의 몸은 피부 안에 갇혀 있는 것이 아니라 피부라고 하는 몸의 경계를 뛰어넘어 바깥 공간으로 확장되어 있다. 방은 그 방 주인의 확장된 신체다. 우산을 사용하는 사람의 몸은 그 우산의 갓만큼 펼쳐져 있다.

그런데 도구의 신체화나 공간의 신체화와는 약간 다른 신체의 확장이 있다. 외부의 사물에 직접 우리의 몸이 투영되는 경우가 그것이다.

한쪽으로 기울어져 있는 피사의 사탑은 중력장에서 취해야 할 직립성과는 다른 특이한 자세 때문에 유명하지만, 실은 그 사탑 앞에 섰을 때 몸이 한쪽으로 쏠리는 듯한 느낌이 인상적이기 때문에 그 명성이 더욱 높아졌을 것이다. 사탑을 볼 때 우리의 몸은 그것에 투영되어, 비스듬한 신체 자세로 중력에 저항하는 자신을 발견한다.

이치가와 히로시〈市川浩〉도 이렇게 말한다.

"주체적으로 살아 있는 우리들의 신체는 결코 피부 안쪽에 결박되어 있는 것이 아니다. 피부의 밖으로 확장하여 사물과 뒤섞여 있다." (이치가와 히로시, 『몸의 구조』)

피부 바깥으로 확장하여 세계의 사물과 뒤섞이는 몸은 물리적인 자기가 아니라 가상假想의 자기다.

몸이 피부 바깥으로 확장되어 세계와 교합하고 있다는 점이 납득되면 운전할 때 매끄럽지 않은 도로 선형이 주행 방해감을 주는 현상을 이해할 수 있을 것이다. 이 현상을 부연하면, 운전자의 가상의 몸이 도로의 선형이 꺾이는 먼 거리까지 달려가서 그 선형이 원활한 운전 행위를 방해함을 먼저 체험하는 것이다. 나카무라 요시오는 이렇게 지적한다.

"투시 형태가 원활하지 않은 도로의 선형은 운전자의 가상 행동에 방해의 상징으로 작용한다."(나카무라 요시오,「교통 행동에 관련한 경관 체험의 공간 의미론적 연구」)

그는 바람처럼 거침없이 질주하려는 운전 행위는 도로의 선형뿐 아니라 도로에 인접하는 지형이나 구조물에 의해 인도된다고 한다. 특히 절토切土에 의해 형성된 경사면을 문제삼는다.

"지형의 인공적인 절단은 지형심리학에 흥미 깊은 문제를 제기하지만 운전 행동을 하는 인간 측에서 보면 절토는 마치 자기가 지형을 절단하면서 진행하는 듯한 근육감각적 저항을 동반한다."

그림 1(크리스토퍼와 푸슈카레프,『미국의 인조환경』에서 인용)을 보자. 왼쪽은 절단한 지형 자락을 그대로 둔 것이고, 오른쪽은 그 부위를 없앤 것이다. 나카무라의 설명에 의하면 지형을 절단한 도로에 접한 운전자는 가상의 자신을 통해 도로의 끝 부분에 서 있는 지형을 자르면서 진행하는 경험을 미리 하게 된다. 따라서 실제로는 그 지형 공간에 접근하지도 않은 운전자지만 절단된 지형 공간으로 말미암아 이미 원활한 운전 행동에 저항감을 받고 있는 것이다. 지형이 절단되었음을 보여주는 도로 전방의 자투리 산덩이는 운전 행동에 방해물로 작용함을 왼쪽과 오른쪽 두 그림을 비교하면 쉽게 납득할 수 있다.

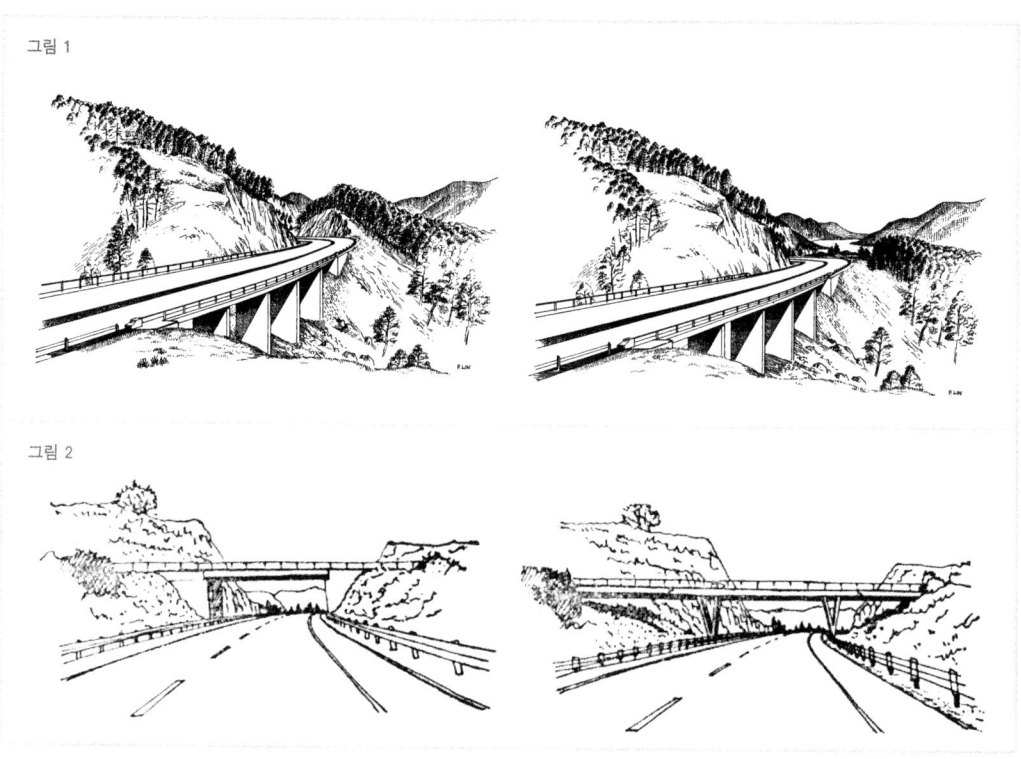

그림 1

그림 2

    그러므로 도로 건설에 지형의 절단이 불가피하다면 그 절단면의 처리는 가상의 주행 행동을 방해하지 않는 형상으로 하는 것이 바람직하다. 예를 들어, 그림 1의 오른쪽과 같이 자투리 산덩이를 제거하거나, 절단면을 산 능선의 선형과 연속적으로 이어지도록 처리하여 결과적으로 자연스런 산자락의 끝이 도로에 인접하도록 하는 방법 등을 적용해볼 수 있다.

    도로에 인접하는 구조물 역시 마찬가지다. 도로에 가로질러 건설되는 과도교跨道橋나 육교의 예를 들어보자. 그림 2(나카무라 요시오, 『풍경학입문』에서 인용)는 같은 스팬의 두 과도교다. 하지만 오른쪽 그림의 다리가 왼쪽에 비해 훨씬 통과하기 쉬워보인다. 왼쪽 그림은 무거

그림1) 절토는 마치 운전자 자신이 지형을 절단하면서 진행하는 듯한 근육감각적 저항을 동반한다.

그림2) 왼쪽의 과도교는 무거운 벽면이 진행 방향에 직각으로 서 있고 시야도 좁다. 운전자는 마치 벽면을 가상의 몸으로 밀어젖히면서 진행하는 듯한 강한 저항감을 느낀다.

운 벽면이 진행 방향에 직각으로 서 있고 시야도 좁다. 운전자는 마치 벽면을 가상의 몸으로 밀어젖히면서 진행하는 듯한 강한 저항감을 동반한다. 다소 과민한 반응인 듯하지만 가상 행동은 이처럼 과장된 몸짓이라는 특징이 있다. 물론 가상 행동에 저항감을 불러일으키는 콘크리트 벽면을 감추기 위한 나무심기 등은 딱딱한 재질을 부드럽게 하므로 그만큼 주행 방해감은 덜어질 것이다.

물론 가상의 몸이 먼 거리에 미리 달려가는 행동은 거침없는 운행을 원하는 운전자의 바람에서 비롯된다. 이는 운전자가 기대하는 주행 행동을 지원하는 공간 형상이 쾌적한 도로 풍경이라는 사실을 말해준다. 즉 쾌적한 공간이란 우리가 의도하고 기대하는 행동이 가능해보이는 공간이다.

그러므로 친수親水 공간이란 우리가 의도하는 친수 행위를 원활하게 해주는 물가와 수면, 그리고 구조물이 있는 공간이다. 친수 행위 가운데 가장 절실한 것은 물에 다가감이다. 물가에 서서 수면을 보거나 물가를 걷는 행위, 완만한 경사를 걸어 내려가 수면으로 다가서거나 나무 그늘 아래에서 따가운 햇살을 피하면서 시원한 바람을 온몸으로 느끼는 행위, 그리고 수면을 건드리거나 물에 발을 담그거나 배를 타고 물 가운데로 들어가는 행위 등이 친수 행위다.

정선의 「피금정披襟亭」에서도 이러한 친수적 공간 형상을 확인할 수 있다. 물가로 내려선 완만한 경사, 수면과 육지면과의 낮은 단차, 곶부리와 골창의 리드미컬한 반복, 물가로 낸 계단 등 수면으로 다가설

정선, 「피금정」.
친수성을 상징하는 공간 형상은
와유적 풍경 체험을 유발한다.

창덕궁 애련정.
정자의 돌기둥이 물 속에 잠겨 있는 애련정은 그것을 보는 사람에게
자신이 직접 물 속에 발을 담그고 서 있는 듯한 느낌을 갖게 한다.

수 있는 시설과 주인이 자리를 비운, 물가에 서 있는 빈 정자는 그 속에 들어가서 수면의 표정을 바라볼 수 있을 듯이 보인다. 품새 좋은 나무들이 물가에 줄지어 서 있는 모습은 마치 열을 지어 서서 일제히 물 속을 들여다보고 있는 한가로운 여행객처럼 보이기도 한다. 이러한 와유적 풍경 체험을 유발하는 요소들 외에도 깨끗한 수질, 얕은 수심을 나타내는 여울 등 친수성을 상징하는 공간적 도구가 모두 마련된 느낌이다.

강호江湖 생활의 친수 행동에 빠질 수 없는 소도구인 조각배는 강기슭의 계단 가까이에 정박해 있다. 이 그림을 보는 감상자의 가상 행동은 어떤 것일까. 일단 배를 타기 위해서는 계단으로 내려와야 한다. 수면으로 뻗어 있는 계단을 내려와 배에 몸을 싣는다. 그리고는 그 위에 누워 하늘을 가로지르는 물새나 구름을 본다. 또는 강심江心으로 배를 내어 고기잡이를 한다.

물가의 정자 건축은 그 풍경을 체험하는 감상자의 직접적 혹은 가상의 친수 행동을 지원한다. 이러한 건축의 걸작은 역시 창덕궁의 애련정愛蓮亭이 아닐까 한다. 피사의 사탑이 그것을 보는 사람의 몸이 투영되어 지각되는 것처럼, 정자의 돌기둥이 마치 두 발을 물 속에 넣고 있는 듯한 애련정은 그것을 보는 사람이 그것에 투영되어 마치 자신이 물 속에 발을 담그고 서 있는 듯하여 수면에 직접 가담하는 청량감을 유발한다. 그래서 눈이 오거나 수면이 얼어붙는 겨울의 애련정은 가련하게 느껴지고 그것을 보는 우리 몸은 애련정만큼 춥다.

덧붙이고 싶은 것은 친수적 가상 행동을 지원하는 공간이 반드시 실제로 사용되어야 하는 것은 아니라는 점이다. 기능적으로 이미 쓸모 없어진 돌계단이나 돌다리의 철거를 지양해야 하는 이유는 그것의 역사성뿐 아니라 풍경적인 의의까지도 고려해야 하기 때문이다.

고속도로에 접어든 운전자는 거침없는 주행을 기대하고 진행 방향의 도로 위를 가상의 몸으로 미리 주행한다. 또한 고요한 물가를 바라보는 사람은 다가가거나 손으로 물을 건드릴 수 있어 보이는 그 공간이 아름답다고 느낀다.

왜 사람은 이처럼 풍경을 사용하듯이 보고 또 그 사용의 기대에 부응하는 공간을 아름답다고 평가하는 것일까. 이 물음에 대답하는 것은 쉽지 않지만 이것을 '시각視覺의 목적이란 무엇일까'로 고쳐 묻는 것은 가능할 것이다. 이 물음을 보다 확실히 설정한 사람은 시각심리학자 제임스 깁슨이다. 그는 '공간의 의미'를 설명하기 위해 저서『시각세계의 지각』을 다음과 같이 시작한다.

"오백만 년 혹은 천만 년 전 아시아의 평원에 서 있던 인류의 선조 가운데 한 사람의 시각을 생각해보자."

태초의 인간에게 시각의 목적은 그를 둘러싼 환경에서의 생존 가능성을 가늠하는 일이었는데 이러한 시각 행동이 발달한 문명 속에 살고 있는 현대인에게도 남아 있다는 것이다.

우리는 풍경을 바라볼 때 순수한 미적 시선으로 보지 않는다. 그 풍경이 자신에게 어떤 의미를 지니는가, 그 속에 들어갈 수 있는가, 거기서 바깥을 바라볼 수 있는가, 그 안에서는 아늑하게 쉴 수 있는가, 물과 식량을 얻을 수 있는 곳인가 등의 생존의 조건을 직관한다. 풍경의 평가지표로 사용하는 쾌적성이 여기에 해당한다.

제이 애플톤은 『풍경의 경험』에서 좋은 풍경의 조건을 외계를 바라보는 '조망'과 자신의 몸을 숨기는 '은신'의 상징으로 설명한다. 풍경 속에 건물이나 나무, 숲, 산 정상의 건축물, 지형의 은폐지 등 조망과 은신을 상징하는 사물이 있는 것이 그렇지 않은 풍경보다 아름답다고 말한다. 원시의 인간이 견지하고 있던 생존을 위한 시각 행동이 현대인에게는 미적 체험의 규준으로 자리바꿈한 것이다.

물론 아름다운 풍경을 이러한 생존 본능으로만 설명하는 것은 다소 문제가 있다. 인간은 생존 본능 외에 미적 체험의 평가 기준을 가지고 있다. 하지만 신체가 공간 속에서 이동하고 거주하고 회유하는 것은 인류를 포함한 모든 동물에게 반복해서 경험되는 생명 유지와 관련된 기본적인 경험이다. 이러한 근원적인 행위가 원활하게 이루어질 것이라는 기대와 확신, 혹은 그 행위 자체 속에 암유적으로 포함되는 일체의 의미나 관념이 풍경 속에 상징적인 형태로 훌륭하게 표현될 때 풍경의 걸작이 탄생된다는 경관공학자들의 주장은 '아름다운 풍경이란 무엇인가'라는 물음에 대한 대답으로 새겨들을 만하다.

나와 마주하고 있는 풍경

관계의 미학, 풍경

용산의 형상

관계의 미학, 풍경
화이부동和而不同의 풍경 원리

"바람은 산들산들 불고, 계곡물은 철철 넘쳐 흐른다. 여름 햇살은 쨍쨍 빛나고 땅을 지글지글 끓어오르게 한다. 나뭇가지에는 어린 잎들이 쑥쑥 자라나고 있다. 작은 고기들이 휙휙 헤엄쳐 돌아다닌다. 벚꽃이 난분분 난분분 지고 있다."

풍경이 객관적인 시각상이 아니라 이미 인간적 가치와 의미를 함의하고 있다는 사실은 일상의 풍경 체험을 들여다보면 분명하다. 산들산들, 철철, 쨍쨍, 지글지글, 쑥쑥, 휙휙, 난분분.

어떤 객관적 정보보다 직감에 호소하는 이러한 의태어, 의성어는 풍경의 정보로는 제격이다. 한 예로 부드러운 바람이 귓전을 간질이는 봄의 나른한 정경을 '산들산들'이라는 말이 일거에 나타내주는 경우를 보더라도 그렇다.

그러나 이러한 풍경의 표정 체험은 성인에게는 이미 퇴화된 기관과도 같이 그 감각이 둔해져버렸다. 어린 시절을 떠올리면 금방 이해가 될 것이다. 사물의 표정을 민감하게 읽고 반응하는 것은 환경과 자기를 동일하게 생각하는 유아나 미개인이라고 한다. 그래서 시각심리학자 제임스 깁슨은 인간에게 있어서 풍경의 의미와 가치를 보다 근본적으로 생각하기 위해 원시인의 풍경 체험을 환기시킨다. 이번에는 깁슨이 안내하는 원시인의 풍경 체험을 좇아 풍경의 표정 현상을 살펴보고, 이를 통해 풍경이 인간과 세계의 관계의 미학이라는 점을 다시 한 번 확인해보도록 하자.

숲에서 살던 그들은 불우했다. 모든 것이 힘들었다. 그들이 속한 무리에서 다른 종족은 지상의 적들을 피해 주로 나무에서 나무로 이동했다. 그러나 그들은 고공에서 이동하는 것이 처음부터 서툴렀다. 나무 위에서 균형을 잡고 또 이동하기 위해서는 나뭇가지를 쥔 손발에 집중해야 했다. 그러나 그들에게 그것은 쉬운 일이 아니었다.

그래서 숲에서는 늘 배가 고팠다. 나무에 매달려 있는 열매는 아둔한 나무타기 솜씨로는 따먹을 엄두도 내지 못했다. 겨우 땅에 떨어져 있는 것이나 키 작은 나무나 풀의 열매가 그들 차지였다. 나무타기보다는 나뭇가지로 풀숲을 툭툭 치면서 먹이를 뒤져내는 편이 훨씬 쉬운 일이었다.

발 빠른 맹수가 갑자기 튀어나오는 바람에 숨이 턱에 차도록 도망친 적이 한두 번이 아니었다. 물론 다른 종족은 맹수가 다가오는 것을 나무 위에서 보고 이미 멀리 도망친 후였다. 그들은 숲에서는 열등지였다. 숲 바깥이 궁금해졌나. 드디어 그들은 결심한다.

'그래, 이 숲을 빠져나가자.'

숲을 빠져나온 것은 지금으로부터 오백만 년 혹은 천만 년 전의 일이다. 숲에서의 생활에서 낙오된 그들은 이렇게 해서 사람속(屬, genus homo)의 일원이 되었다. 다른 종족, 즉 숲의 엘리트들에게 숲은 여전히 아늑했다. 낙오자들이 숲을 빠져나가는 모습을 비웃던 엘리트들은 그들의 후손이 이득히 먼 훗날 그 낙오자들의 후손에게 포획되어 이른바 동물원에 가두어지리라고는 상상도 못하고 있었다.

최초의 인간이 숲을 빠져나왔을 때 가장 먼저 마주친 것은 밝은 조도의 태양광선이었다. 눈을 찌르는 듯이 홍채와 망막을 때리는 빛. 그들은 그 조도에 적응하려고 홍채로 동공을 조였을 것이다. 그렇게 하여 획득한 세계의 시각상이 그들에게 어떻게 보였을까. 깁슨은 인간에게 있어서 공간의 의미와 가치의 문제를 생각하기 위해서는 그때의 시각 체험에 주목해야 한다고 말한다.

인간은 두 눈이 얼굴의 전면에 있고 또 근접해 있어서 시야가 좁았다. 그러나 양쪽 눈이 각각 받아들이는 시각상의 겹쳐진 부분 즉 양안시차兩眼視差를 이용한 거리 지각에 뛰어났다. 말이나 물고기의 눈이 얼굴의 측면에 부착되어 있어 넓은 시야를 가지고 있는 반면 거리 지각이 힘든 것과는 대조적이었다. 인간은 후각이 열등한 탓에 적과의 거리적 관계를 시각에만 의존했다. 그래서 호랑이와 같은 맹수와의 거리를 정확하게 가늠할 수 있었다. 맹수가 다가오더라도 우선은 느긋하게 움직이다가 몸의 무늬가 선명하게 보일 정도로 가까워지면 급하게 몸을 숨기는 민첩함은 이미 타고난 능력이었다.

맹수와의 거리에 따라 도피를 결정하는 태도에서 시각의 목적을 읽는다. 시각은 우선 생존의 도구였던 것이다. 벌판에서 홀로 호랑이와 맞닥뜨린 우리의 선조는 허기를 살기로 바꾼 호랑이의 눈과 공격의 긴장을 감추려고 대지를 움켜쥔 발톱, 파동치는 줄무늬 속에 숨겨진 근육에서 살상의 의사를 직관하고 있었다. 그렇다. 보여지는 세계의 시각상은 형태적 분절이라고 하는 객관적인 기술로만 설명할 수 없는 인간적 의미와 가치가 이미 함의되어 있는 표정의 세계다. 시각세계의 의미를 뇌생리학의 가치중립적인 기술에서 구할 것이 아니라 숲에서 나온 인간의 순수한 시각 체험에 주목하여 따져볼 필요가 여기에 있다.

그런데 이와 같은 원시인간에 대한 소설적 상상력을 방증해주는 연구가 있다. 동물심리학 연구자인 G. P. 사켓은 태어나자마자 격리하여 키운 붉은털원숭이를 대상으로 표정의 지각 연구를 실시하였다. 그는 그 결과를 다음과 같이 요약한다.

"격리 사육한 붉은털원숭이는 생후 2개월까지는 슬라이드 영상으로 보여준 다른 개체의 위협 표정에 대하여 별다른 반응을 보이지 않다가 생후 2개월이 되자 갑자기 공포 반응을 보인다."

실험 대상이 된 원숭이는 다른 개체와 사회적 접촉도 하지 않았고 따라서 위협 표정이 공격으로 이어진다는 체험을 하지 않았으므로 이 공포 반응은 조건반사라는 후천적인 학습의 결과는 아니다. 이 실험 결과에 의거, 동물심리학자들은 공포 반응을 유발하는 위협 표정의 획득은 티고닌 촉발기제에 의한 것으로 일정한 연령이 되면 나타나는 본능적인 특성이라 여긴다.

이러한 공포 반응은 사물의 윤곽선 등의 형상에서 공격하려는 내면의 의사를 읽을 수 있기 때문에 가능하다. 이 연구를 바로 인간에게 적용하기에는 다소 비약이 필요하지만, 외계의 사물이 띠고 있는 표정을 지각하는 능력은 학습에 의한 유추나 감정이입이 아니라 아마 원시의 인간이 숲에서 나왔을 때 이미 지니고 있던 타고난 본능이었을 것이다. 따라서 그들이 벌판에 나와 최초로 본 것은 그들 앞에 마주선 사물들이 모두 자기들이 누구이며 무엇을 할 수 있는지를 웅변하고 있는 표정의 세계였을 것이다. 이것을 후세의 심리학자들은 애니미즘이라고 부른다.

시각 환경의 의미를 애니미즘적인 관점으로 해석한 것은 주로 게슈탈트 심리학자들이다. 쿠르드 레윈은 대상과 자아 사이에 존재하는 역학적 관계를 언급하면서 이렇게 말한다.

"환경 내에 어떤 대상은 유인적이며 어떤 것은 거절적이다. 지금 어떤 대상이 유인적이라고 하는 것은 나 자신과의 거리를 줄이려고 하는 대상으로부터 어떤 힘이 작용하고 있다는 것을 의미한다. 예를 들면 자동차의 핸들은 돌려지고 싶어한다. 계단은 두 살 난 아이에게 올라와 뛰어내리라고 유인하고 있다."(K. 코프카, 『게슈탈트 심리학의 원리』에서 재인용)

이러한 주장은 하이데거나 깁슨이 주장하는 도구적 세계관과는 다르다. 이른바 의인적 세계관이다. 세계가 스스로 자기의 용도를 웅변하고 있다고 생각하는 것이다. 시각심리학자 K. 코프카도 이렇게 말한다.

"원시인에게 각각의 사물은 그것이 무엇이며 어떻게 다루면 되는가를 알려주고 있다. 과일은 '먹으세요'라고 하고, 계단은 '올라오세요',

물은 '마셔주세요'라고 말한다. 벼락은 '나를 무서워하라'고 말하며, 여자는 '나를 사랑하세요'라고 말한다."(K.코프카, 앞의 책)

이는 사물을 마치 인간과 같이 여기는 세계관으로, 환경과 미분화된 미개인이나 아이들에게서 흔히 관찰되는 현상이다. 그런데 사물의 형상을 수사하기 위해 비유법인 의인법을 시인들이 즐겨 사용하는 것을 보면 세계를 의인적으로 지각하는 것은 비단 원시의 인간이나 아이들에게만 국한된 것은 아니다.

애니미즘의 세계관이 세계를 의인적 환영으로 보는 것이라고 한다면, 바위나 산 등을 어떤 사물과 닮게 여기는 상사적相似的 지각은 그 사물의 형태적 특징을 보다 인상 깊게 지각하는 것이다. 예를 들면 금강산을 기행한 김창협이 만폭동의 너럭바위에서 보이는 바위에서 사자의 형상을 연상하여 "사자 웅크리고 있어 매우 무섭고/위엄 있는 신이함이 대단하구나"(김창협, 「사자암」)라고 노래한 것이 그것이다.

이와 같이 유사성으로 사물의 정체를 파악하는 것은 동서고금을 통해 보편적인 현상이었던 듯하다. 프랑스의 철학자 미셸 푸코는 서양인의 세계 판단의 토대는 오랫동안 닮음에 의존하고 있었다고 한다.

"16세기말에 이르기까지 유사성은 서구 문화에서 지식을 구성하는 역할을 했다. (중략) 인간은 세계의 모든 표면들 사이에 곧게 서서 창공과 관계를 맺는다. 별들이 정해진 길을 따라 하늘을 순회하는 것과 같이 인간의 혈관에서는 맥박이 뛰놀고 있으며, 하늘에 일곱 개의 혹성이 있는 것처럼 인간의 얼굴에는 일곱 개의 구멍이 나 있다."(미셸 푸코, 『말과 사물』)

정선, 「천불암」.
닮음의 비유는 시인의 전유물만은 아니다. 이 그림의 암석 봉우리들을 사람으로 치면
선 이도 있고 앉은 이, 누운 이, 일어난 이, 마주하며 서로 절하는 이도 있다.
동물로 치면 용도 있고 호랑이도 있으며 기린도 있고 봉황도 있다.

그러나 17세기가 되자 오랜 세월 동안 지식의 기본적 범주로서 작용해왔던 유사성은 동일성과 차이에 입각한 분석에 의해 와해되어 버렸다고 단정한다.

그렇다고 해서 사물의 정체 판단을 이미 알고 있는 사물과의 관계설정 또는 유사 특징의 발견을 통해 획득하는 유비적類比的 세계 인식의 방법이 무의미하다는 것은 아닐 것이다. 이 닮음의 세계 인식이 오랫동안 인류 사회를 지배해 왔으며, 따라서 우리에게 익숙한 방법이라는 점을 오히려 확인하게 한다.

'-이다'라고 단정하는 것보다 '무엇무엇과 같다'라고 하는 편이 사물의 실재감 획득에 더 효과적이다. 세상의 어떤 것에 비유함으로써 보다 더 확실하게 사물의 실재감을 획득하는 것은, 사물의 실체란 이 세상의 다른 사물과 관계를 맺음으로써 비로소 가능하다는 사실을 말해준다.

이와 같이 닮음의 세계 비유는 김창협이 노래한 사자바위를 비롯하여 이루 예를 들지 못할 정도로 허다하다. 말의 귀를 닮았다고 해서 마이산, 용의 형상을 하고 있다고 해서 용산, 호랑이가 누워 있는 형상을 하고 있다고 해서 복호산으로 명명하는 행위는 유사의 비유가 시인의 전유물만은 아님을 말해준다.

그런데 재미있는 것은 인간은 형상의 유사를 통해 그 사물의 성능을 유추하는 직감을 가지고 있다는 점이다. 예를 들어 소와 닮은 사람을 볼 때 그 사람의 행동과 능력조차 소와 같을 것이라고 여기는 경

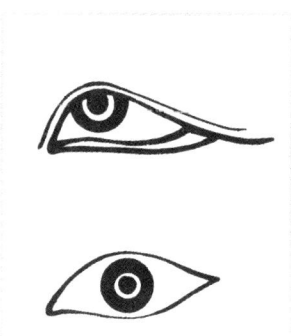

연안(위)을 가진 사람을 '신의의 인간'으로 평가하는 것이나 어안(아래)을 가진 사람을 '성품이 음흉하다'고 평가하는 것은 사물의 형상이 지니고 있는 어떤 주술적인 힘에서 나오는 것이 아닐까.

우가 그것이다. 물론 레비스트로가 『야생의 사고』에서 제시한 동물과 닮은 사람을 자기 종족의 상징으로 여기는 '역逆토템'은 극단적인 예지만, 이솝우화에 등장하는 동물의 행동에 납득하는 것도 그 동물의 생김새와 기질의 상관성을 우리가 이미 양해하고 있기 때문이다.

인간의 기질을 형상의 유사로 판단해버리는 이 단순성은 심지어 장차 일어날 일의 길흉화복까지 형상과 기능의 닮음으로 가늠하려는 관상학의 성립을 가능하게 한다. 물고기처럼 눈을 깜박거리지 않고 눈동자가 몽롱하여 어안魚眼으로 분류되는 눈을 가진 사람은 "성품이 음흉하고 대개 요사夭死한다"고 단정하는 것이나, 제비의 모습을 연상하게 하는 연안燕眼을 가진 사람을 "강남 갔던 제비가 이듬해 봄에 반드시 돌아오듯이 약속을 하면 틀림없이 지키며 신의의 인간이다"(신기원, 『초보자를 위한 관상학』)라고 평가하는 것을 그저 코웃음으로 일축할 수 없게 하는 강한 호기심과 일말의 설득력은 사물의 형상이 지니고 있는 어떤 주술적인 힘에서 나오는 것이 아닐까.

오행설五行說이란 결국 이 세상의 사물을 불과 흙과 쇠와 나무와 물이라는 다섯 가지 물질적 이미지로 분류하는 것이다. 천변만화하는 능선과 그로 인한 다양한 표정과 품새를 지닌 산을 물이 흐르는 듯한 능선과 불이 타오르는 듯한 능선 등, 다섯 가지 사물과 형상적 유사성이라는 기준으로 가르는 것이 오행적 분류다. 그런데 이 오행적 세계인식 역시 유사와 상동의 상호절환을 자유로이 오가고 있다. 불같이 타오르는 능선의 산을 보고 있는 도시는 불이 잘 난다거나 하는 생각이 그러한데, 사물의 성능을 다섯 가지 물질로 환원하고 이 물질의 형상이 발휘하는 마술적 힘을 합의하는 것이다. 풍수란 단적으로 말하면 이러한 형상의 주술성을 근간으로 하고 있다.

 단정한 여인의 형상을 한 옥녀봉에 기대어 살고 있는 마을에서는 옥녀와 같이 아름다운 여자가 탄생한다거나, 용의 형상을 한 용산에 무덤을 둔 가계는 용이 상징하는 벼슬이나 부를 거머쥔다고 믿는 것 역시 그러하다.

 숲을 빠져나온 원시의 인간이 세계의 표정을 읽는 이 원초적 기능

창녕군 월말.
달과 닮은 산에는 무덤을 쓰지 않는다. 달의 차고 기우는 것을 마을의 번영과 관계짓기 때문이다.

은 애초에 이 세계를 자기와 무관한 '그것'이 아니라 자기에 대한 '너' 즉 2인칭으로 여기고 있다는 사실을 전제한다. 철학자 마르틴 부버는 저서 『나와 너』에서 이렇게 말한다.

"'나' 그 자체라는 것은 존재하지 않는다. 존재하는 것이라고는 다만 근원어 '나-너'에 있어서의 '나'이거나 '나-그것'에 있어서의 '나'일 뿐이다."

그는 다가오는 '너'로서의 사물이 이쪽을 보고 있는 듯한 감각이야말로 의인의 근원이라고 말한다. 나카무라 요시오는 이를 두고 다음과 같이 해석한다.

"정신의 이러한 시원적始原的 상태에서는 아직 '나'의 의식은 자각되어 있지 않다. 이러저러한 '너'를 받아들이는 언제나 변하지 않는 존재로서 '나'의 의식은 나중에 발생한다. 의인이란 이러한 '나'와 '너'의 대화다."(나카무라 요시오, 『풍경학입문』)

숲에서 나온 원시의 인간이 본 것은 '너'로서의 세계다. 풍경은 이 세상 속에 존재하는Being in the World 자신과 자신이 대면하는 세계를 '나'와 '너'의 관계로 규정함으로써 발생한다. 세계를 인식하는 '나'에 대한 '너'로 관계를 맺을 때 비로소 풍경은 발생한다. 따라서 풍경은 관계의 미학이다. 산수에서 무상無相의 자기를 본다고 한 고승高僧의 각성은 그야말로 이러한 경지다.

그런데 의인적 풍경 체험의 원리를 도시나 거리, 정원 등과 같은 작위作爲의 풍경에 들이대면 이렇게 말할 수 있다. 그 풍경에는 그것을 만든 사람의 의취意趣가 배어 있다고. 그래서 풍경을 그 국민 심성을 비추는 거울이라고 한 것이다.

그런 의미에서 풍경을 만드는 행위는 일종의 사회적 사교社交 행위다. 화이부동和而不同이라고 했던가. 서로의 개성을 존중하되 서로가 잘 어우러지는 조화로운 사회가 좋은 사회라는 이 말은 풍경의 설계 원리로도 뜻하는 바가 크다.

계류의 흐름을 바라볼 수 있는 언덕에 적절한 크기의 초당을 짓고 물길을 끌어들여 연못을 조성하는 우리의 전통적 조경 수법은 이미 거기에 있던 산하의 풍경적 맥락을 존중하면서 자신의 개성을 드러내는 풍경 사상을 근간으로 하고 있다. 산마루에서 약간 낮은 곳을 망경지望景地로 택하여 능선에 가릴 듯 말 듯 정자누각을 세우는 원림苑林의 설계 수법은 화이부동이라는 군자의 사회적 덕목을 생활 공간의 설계 원리에까지 확대하여 실천한 것이다.

그러나 지금의 우리는 어떠한가. 나지막한 산과 절묘한 구도적 조화를 이루는 한적한 강, 그 강벌에 기대어 서 있는 포구, 작은 지붕과 키재기를 하는 낙엽수, 그리고 물새소리 등이 어우러지는, 그야말로 천인합작天人合作의 풍경을 일거에 망가뜨리는 고층 건축물과 거대 토목 구조물, 그리고 요란한 테마파크 등이 어디에나 들어서고 있다. 똑같이 개성 없고 또 자기만을 드러내는 이러한 동이불화同而不和의 살풍경을 우리는 각성해야 한다.

숲에서 나온 인간의 신조는 본능적으로 자신과 이 세계를 '나와 너'라는 관계로 설정했다. 그럴 때 그들은 비로소 이 세계에 있다는 실재감을 획득했다. 누군가와 함께 있고 싶다는 이 절실한 고독감이야 말로 세계와 시각적으로 관계하고 싶다는 풍경 체험의 근원일 것이다. 사람과 산하, 산하와 산하가 조화롭고 또 각자의 개성을 아낌없이 드러내도록 세계와 나, 이 둘의 온전한 관계를 구축하는 것이 풍경의 학이 지향하는 곳이다.

용산의 형상
산이 되어 마을을 지켜주는 용들의 모습

　부산에서 경부선 열차를 타면 물금을 지날 무렵부터 삼랑진 부근까지 차창 밖으로 낙동강이 끝없이 펼쳐진다. 이때는 좌석을 진행 방향으로 봤을 때 왼쪽에 잡는 편이 좋다. 좋은 풍경을 보며 이동할 때 그 여행의 목적이 비록 유람이 아니라고 하더라도 설레는 것은 매한가지다.
　차창 기둥을 피해 통유리를 독차지하는 자리를 얻는 것은 운에 맡겨야 하지만, 따가운 햇살을 피할 요량으로 커튼을 모두 쳐놓으려는 동행자만 아니라면 낙동강의 풍경을 보는 행운은 쉽게 얻을 수 있다.
　구포를 지나면 넓은 들이 펼쳐지고, 곧 바다와 만날 것을 아는 듯 체념한 속도로 천천히 흐르고 있는 강을 만난다. 강 건너편은 김해 평야, 그 뒤로는 산에 기대 서 있는 김해시 상동면 강마을이다. 물금을 지나 원동역까지는 낙동강에서 눈을 떼면 안 된다. 그곳에서 산이 된 용을 볼 수 있기 때문이다.
　푸른 깅물을 앞에 두고 상동면 용당마을이 마치 몸집이 기다란 동물이 누워 있는 듯이 길쭉한 산자락에 기대어 있는 모습을 볼 수 있는 것은 물금을 얼마 지나지 않아서다. 물 쪽으로 곧장 뻗은 긴 혀 모양의 지형은 물가에 다다라서는 절벽으로 멈추어 서 있다. 산의 이런 형태는 마치 긴 동체를 땅에 대고 지금이라도 물 속으로 들어가려는 용의 모습으로 보인다. 그래서 그 이름이 용산이다.

산을 흙덩이로 보지 않고 살아 있는 생물의 모습으로 여기는 상사적相似的 풍경 지각은 베르그송처럼 말하면 이 세계의 의미를 무無로 돌리지 않으려는 지성의 장치다. 이 세계에 존재하는 사물에 자신을 투영하여 고독감으로부터 탈출하려고 한 것이 애니미즘 지각의 원리라고 한다면 베르그송 식의 생각을 납득할 수 있다.

땅을 보고 곧바로 용을 연상하는 것은 아무래도 문화적인 환경의 영향이겠지만, 무기적인 흙덩이가 살아 움직이는 생물과 흡사한 산을 볼 때의 감개는 특별하다. 뭐랄까, 거대한 화석을 보는 느낌이라고 할까. 그 규모의 비현실성 때문에 오히려 인상적인 풍경 체험으로 뇌리에 남는다.

산이 닮게 보이는 것은 용뿐만이 아니다. 어깨를 꼿꼿하게 펴고 진중陣中에 당당히 앉아 있는 듯이 보이는 장군봉이나, 아리따운 여자가 무릎을 세우고 앉아 있는 삼각형의 옥녀봉도 있다. 소가 들을 지나다가 멈춰 선 듯이 보이는 김해의 우복산도 있다. 부곡온천 맞은편 마을인 창녕군 사창리에는 꼬리를 땅에 드리우고 앞발을 가지런히 모으고 마치 잠자고 있는 듯한 호랑이 모습의 복호산도 있다.

그러나 우리나라에서 가장 흔하게 볼 수 있는 것은 용산이다. 여기서는 용산의 형상을 구체적으로 소개하기로 한다.

"용의 형상은 아홉 가지의 동물과 닮은 데가 있다. 머리는 낙타와 비슷하고, 뿔은 사슴과, 눈은 토끼와, 귀는 소와, 목덜미는 뱀과, 배는 큰 조개와, 비늘은 잉어와, 발톱은 매와, 주먹은 호랑이와 비슷하다. 등에는 81개의 비늘이 있다. 목소리는 구리쟁반을 울리는 것과 같고, 턱 밑에는 명주明珠가 있으며, 긴 수염이 있고, 목 아래에 거꾸로 박힌 비늘이 있다. 그리고 머리에는 하늘에 오르기 위해서 꼭 필요한 박산博山또는 척수尺水가 있다."

중국 명나라 때 이시진이 쓴 『본초강목本草綱目』에 있다고도 하고, 위魏나라 장읍이 편찬한 『광아廣雅』의 「익조翼鳥」에 묘사되어 있다고도 하는 용의 모습이다. 용은 아홉 가지의 동물과 닮았다고 한다.

중국인들이 상상한 이와 같은 용의 모습은 얼추 그대로 우리에게 전래되었다. 실제로 용은 고대 바빌로니아, 인도 등 문명의 발상지라면 어디에서나 상상되었던 동물이다. 우리가 알고 있는 용은 인도에서 신격화된 킹코브라의 형상에서 유래되었다. 인도에는 원래 독사의 위협이 많아 사신숭배蛇神崇拜의 신앙이 있었다. 이윽고 용은 오랫동안 불교와 대립하면서 마침내 불교의 호교자護敎者가 되었다고 한다. 이렇게 해서 용은 인도에서 불교와 함께 중국을 거쳐 우리나라로 들어온 것이다.

불교에서 용은 천왕팔부중天王八部衆의 하나로, 불법을 수호하는 반신반사半神半蛇다. 선하기도 하고 악하기도 한 모습으로 나타나는데, 불법을 수호하기도 하지만 즉시 비를 내리기도 하며, 바다에 살면서 기우의 대상이 되었다. 그래서 용은 특히 물과 관계가 깊은 수신水神으로 신앙되어 왔다. 용은 물에서 나며 작아지고자 하면 번데기처럼 작아지고, 커지고자 하면 천하를 덮을 정도이며, 하늘 높이 오를 수 있고, 물 속 깊이 잠길 수도 있는 천변만화의 조화를 부리는 것으로 여겨져왔다.

여의주를 불끈 쥐고 승천하는 용을 그린 그림을 자주 본다. 용이 날기 위해서는 여의주가 있어야 한다. 그러나 원래는 용이 승천하려면 용머리에 있는 박산과 같이 생긴 척수라는 보물이 있어야 한다고 한다. 이것이 불교의 영향으로 여의주로 변했다고 한다.

한편 풍수지리학에서도 산을 용이라고 한다. 풍수지리학자 최창조는 『한국의 풍수사상』에서 "산의 변화가 천형만상千形萬象으로 높고 낮고, 크고 작고, 일어나고 엎드리고, 급하고 완만하고, 순하고 거스르며, 혹은 굽고 곧아서 지룡의 체단이 일정치 않아 지척간이라도 옮김에 따라 (산의 모습이) 판이하다. 그러므로 이러한 형태는 용이 꿈틀거리는 것과 비슷하다고 해서 산을 용이라고 이름짓고 (풍수)술법상의 용어로 사용하였다. 즉 그 형태가 잠겼다. 보였다, 낮았다, 뛰었다 하여 변화무궁함을 취해 얻어진 것이다"라고 풍수서 『인자수지』를 인용하고 있다. 풍수에서는 한 치만 높아도 산이라고 하고 또 용이라고 한다. 그러나 반드시 용과 닮은 산만을 가리키지는 않는다.

용의 모습은 앞서 살펴본 바와 같이 풍부한 표정과 형상을 하고 있으나, 용산의 모습은 훨씬 단순하다. 용산은 산능선의 한 부분을 긴 몸을 늘어뜨리고 누워 있는 용으로 여기는 이른바 와룡산과, 산몸을 한 마리 또는 여러 마리의 용이 또아리를 틀고 있는 모습으로 여기는 반룡산, 고립봉이나 도드라진 능선의 끝 부위를 용의 머리로 여기는 용두산으로 크게 나눌 수 있다.

드러누워 있는 용, 와룡산

평지에 낮고 길게 늘어져 있는 능선을 마치 용이 드러누워 있는 모습으로 여긴 경우다.

와룡산은 대개 평야나 수면 등 비교적 시계가 트인 곳에서 체험된다. 따라서 해발고도가 낮더라도 쉽게 지각되고 주변에 높은 산이 없는 경우가 많아서 인상적으로 기억되는 지형이다. 이런 지형을 두고, 동체를 지면에 길게 늘어뜨리고 있는 편안한 모습의 용을 연상한다. 이러한 지형에는 '용산', '와룡산' 또는 '복룡산' 등의 이름이 붙는다.

김해시 상동면 용당마을의 뒷산인 용산은 낙동강을 향해 뻗은 혀 모양의 지형을 막 입수하려는 용의 모습으로 본 경우다(뒤의 사진 참조). 수면에 접해 있는 능선의 선단부先端部는 표토가 암반이며 급하게 경사져 있다. 가파른 경사에다 거친 바위 피부를 드러내고 있는 것이 그림이나 조각 등 미술품에서 자주 본 용 얼굴 특유의 모습을 연상하게 한다. 물안개가 피어오르는 봄날 아침이나 비가 내리는 여름 낮에 보는 용산의 모습은 각별하다.

이곳에서는 가뭄이 들면 기우제를 지내는데, 특이한 점은 기우제를 지내고 나서 용산에 올라가보아 만약 무덤이 있으면 이를 파내어 묘주에게 돌려주는 것이다. 가뭄의 원인이 용산에 무덤을 쓴 때문이라는 것이다. 대개의 용산에는 풍수설의 영향으로 봉분이 성행하지만 용당마을의 용산은 그렇지 않다.

위) 김해시 용당마을의 용산. 낙동강을 향해 뻗은 혀 모양의 지형을
막 입수하려는 용의 모습으로 보았다.
아래) 창원시 구룡산. 튀어오르고 가라앉고 하는 능선과 바위 피부가
용의 역동적인 형상을 연상하게 한다.

부산시 강서구 와룡마을의 뒷산도 마찬가지 모습이다. 뒷산에서 한 자락의 능선이 평지로 길게 늘어져 있는 것을 마치 누워 있는 용의 모습으로 여긴 것이다.

또아리를 틀고 있는 용, 반룡산

반룡盤龍은 용이 또아리를 틀고 있거나, 여러 마리의 용이 뒤엉켜 있는 모습을 가리킨다.

경남 창원시의 구룡산을 산기슭의 용전이라는 마을에서 보면 산주름이 마치 여러 마리의 용이 뒤엉켜 있는 모습을 연상하게 한다. 9라는 숫자는 단지 아홉의 의미가 아니라 '많다'의 의미로도 쓰인다. 따라서 구룡산은 여러 마리의 용이 서로의 몸을 부벼대며 뒤엉켜 있는 모습으로 봄이 타당하다.

김해시 장유면의 반룡산은 기슭의 용산마을에서 보면 산마루에서 산주름이 여러 갈래로 이리저리 내리뻗어 있다. 산주름의 역동적인 선형에서 용들이 뒤엉켜 있는 모습을 연상한 것이리라. 능선마다 분묘가 가득하다. 그 이유는 풍수지리라는 거창한 이론 체계에서 찾기보다, '승천하려고 뒤엉킨 용의 등짝에 가만히 기대어 있으면 그저 좋은 데로 갈 것 같은 소박한 심성에서'라고 하는 편이 알기 쉽다. 마치 관절염에는 유연한 관절을 가진 고양이나 지네가 잘 듣는다고 하듯이. 민간의학의 치유 능력에는 닮음이라고 하는, 논리를 초월하는 직관적 평가와 신뢰가 그 뿌리에 있다. 심리학에서는 이를 동일화 현상이라고 한다.

반룡의 모습으로 여기는 산은 여러 개의 산주름과 물결 형상의 능선이 특징이다.

물 위로 머리를 내민 용, 용두산

평지에서 지각되는 낮은 고립봉을 종종 머리를 내민 용의 모습으로 여긴다. 또 경우에 따라서는 와룡산으로 분류될 산이지만 능선의 끝 부분이 두드러지게 융기되어 있는 산을 용두산이라고 한다.

경남 밀양시 용두목마을의 뒷산은 평활한 능선의 끝 부위가 한 차례 융기한 형상을 하고 있다. 그 선단부는 수면에 면해 있고, 절벽에 가까운 가파른 경사에다 거친 암석으로 되어 있다. 그 까닭에 그림에서 흔히 보는 눈을 부라리고 턱을 내밀고 있는 용의 형상을 연상하게 한다.

용두산과 와룡산의 차이는 시형의 끝 부위에 있다. 평활한 능선이 그 끝 부위에 가서 도드라지게 솟아오른 것은 용두산이다. 그렇지 않고 능선의 선형이 그 선단 부위까지 평활한 것은 와룡산이라고 한다.

한편 평지의 고립봉을 용두산으로 지각하는 경우도 있다. 김해시 장유면의 용두마을이 기대고 있는 용산은 평지 한가운데 있는 작은 고립봉이다. 마을 이름은 이 산이 용의 머리와 같은 형상을 한 데서 유래하였다. 시계가 열린 평지의 고립봉에서 수면 위로 머리를 내밀고 있는 듯한 용의 모습을 본 것이리라. 용두산 공원이 있는 부산의 용두산도 이와 같은 형상이다.

그러나 창녕군 유어면 회룡마을의 경우는 약간 다르다. 회룡回龍이

위) 밀양시 용두목마을의 용두산. 능선의 끝 부위가 융기되어 있는 것을 용의 머리로 본 것이다. 마을의 거주역이 용의 목 부위를 점유하고 있어서 용두목이라고 명명한 것으로 보인다.
아래) 김해시 용두마을의 용산. 시계가 열린 평지의 고립봉에서 수면 위로 머리를 내밀고 있는 듯한 용의 모습을 본 것이리라.

라는 마을 이름은 마을과 마주하고 있는 산의 형상이 머리를 꼬리 쪽으로 돌리고 있는 용의 모습과 흡사한 데서 연유한 것이라고 한다. 평지로 늘어진 능선의 끝자락을 회룡마을에서 보면 마치 고립봉으로 보인다. 그래서 물 위로 머리를 내밀고 있는 용의 머리를 연상한 것 같다. 능선자락과 절묘한 시선에 의해 용의 형상이 탄생한 것이다.

용산과 닮은 뱀산

뱀은 용과 같이 동체가 긴 동물이다. 그래서 뱀산으로 불리는 사산蛇山 역시 길고 평활한 능선이다. 창녕군 유어면의 뱀산은 용산과 같이 평활한 능선이 평지에 뻗어 있는 모습을 하고 있다. 그러나 이 산을 뱀의 모습으로 여기는 이유는 지형의 선단부에 있다.

용산은 선단부가 급하게 경사를 이루고 대개의 경우 표토 성분이

창녕군 사동마을의 뱀산. 용산과 같이 평활한 능선이 평지로 뻗어내린 형상이지만 용산이 급한 경사에다 암석 재료로 되어 있는 데 반해 끝 부위가 완만하게 경사져 있어서 납작하다는 느낌이 든다.

암석으로 되어 있어서 이빨을 드러내고 있는 용의 모습을 연상시키는데 반해 뱀산의 선단부는 완만한 경사로 되어 있어서 날렵한 뱀머리가 연상된다. 뱀머리는 납작하고 용머리는 두툼하다는 두 동물의 두드러진 형태적 차이를 용산과 뱀산으로 구분하는 근거로 삼고 있는 것이다.

용산은 어디에 있는가

나지막히 뻗은 평평한 능선에서 누워 있는 용을, 제멋대로 여러 갈래로 뻗은 능선에서 승천하려고 뒤엉킨 용의 역동적인 몸을, 그리고 들의 고립봉에서 물 위로 고개를 내민 용의 모습을 읽는 감수성은 땅의 의미를 재창조하는 대지 예술에 필적한다.

이런 용산을 직접 눈으로 확인하려면 우선 다음과 같은 몇 가지를 알아두면 좋다.

먼저, 지명을 살핀다. 지명에 용龍이 있으면 그 지형을 유심히 살펴보라. 그러면 앞서 설명한 세 종류의 용산 가운데 하나일 가능성이 크다. 마을 이름으로는 용산, 용당, 태룡, 용두, 복호, 와룡, 청룡, 용곡, 용전, 용연, 용정, 용호, 용회, 용포 등이 있고, 산 이름으로는 용산, 반룡산, 용두산, 와룡산, 복호산, 팔룡산, 구룡산 등이 있다 물론 구룡산 가운데는 구렁이처럼 생기거나 구렁이가 많아서 붙여진 것도 있으나 마을 주민은 그 산에서 용의 모습을 보고 있다.

다음으로는 물가나 넓은 들에 가늘고 길게 뻗은 능선이나 홀로 우뚝 서 있는 작은 산을 눈여겨본다. 가늘고 긴 산자락이면서 특히 끝 부위가 급한 경사의 암석 절벽으로 되어 있으면 틀림없이 용산이다. 대개 이런 산과 그 주변 마을의 이름에는 용 자字가 들어가지만 아니라고 하더라도 그 마을 주민들은 그 산을 용산이라 부른다. 물가로 내려뻗은 용산 주변에는 용이 산다는 용굴과 용소가 있다. 용과 관련된 전설도 있으니 눈여겨볼 만하다.

　마지막으로 용주산, 경주산 등 구슬과 관련된 이름을 가진 산이 있으면 그 모습을 살펴본다. 이런 산은 대개 고립봉인데, 그 둥그스름한 모습을 여의주로 보고, 그 고립봉을 향해 뻗어내려오는 능선을 여의주를 집어들려고 덤비는 용의 형상으로 여긴다. 얘기는 다르지만 풍수에서 말하는 오룡쟁주형五龍爭珠形이니 하는 형국은 고립봉과 이를 둘러싼 주변 산들의 능선을 마치 다섯 마리의 용이 서로 여의주를 집어삼키려고 달려드는 모습과 같다고 여긴 것이다. 고립봉과 주변 산자락을 용과 여의주라고 하는 신변 도구의 관계로 상상한 것이다.

나오면서
혼을 울리며 존재를 심화하는 풍경 체험

　내 어렸을 적 고향에는 신비로운 산이 하나 있었다.
　아무도 올라가 본 적이 없는 영산靈山이었다.

　영산은 낮에는 보이지 않았다.
　산허리까지 잠긴 짙은 안개와 그 위를 덮은 구름으로 하여 영산은 어렴풋이 그 있는 곳만을 짐작할 수 있을 뿐이었다.

　영산은 밤에도 잘 보이지 않았다.
　구름 없이 맑은 밤 하늘 달빛 속에 또는 별빛 속에 거무스레 그 모습을 나타내는 수도 있지만 그 모양은 어떠하며 높이가 얼마나 되는지는 알 수 없었다.

　내 마음을 떠나지 않는 영산이 불현듯 보고 싶어 고속버스를 타고 고향에 내려갔더니 이상하게도 영산은 온데간데없어지고 이미 낯선 마을 사람에게 물어보니 그런 산은 이곳에 없다고 한다.
　－김광규, 「영산」

　어린 시절을 보냈던 고향의 신비로운 영산이 불현듯 보고 싶어 서

둘러 가보니 애초에 그런 산은 없었다고 하는 이 시의 담담한 진술을 한 평론가는 '이상과 꿈과 동경과 향수의 세계의 허구에서 깨어나는 맑은 정신의 탄생'과 '영산의 신비에 도취해 있던 의식의 깨어남으로 비로소 밝혀지는 영산의 정체'로 요약한다. 그리고 이러한 문맥에서 이 시를 '숨막히는 오염의 공간, 죽음의 시궁창'으로 변해버린 '고향의 부재'로 읽는다. 이 시인의 시선집 말미에 첨부된 해설(김영무, 「'영산'에서 '크낙산'으로」)에서 그렇게 밝히고 있으니, 작가도 동의한 내용으로 여겨도 될 것이다.

그러나 시가 세상에 나온 순간 작가의 창작 의도나 작가가 기대하는 해석의 차원과 무관하게 독자의 감상으로 비롯된 재창작을 허용한다면, 이 시를 고향 공간의 오염과 상실이라고 하는 독법으로 읽고 싶지는 않다.

어느 편인가 하면 고향의 영산이 '불현듯' 보고 싶었던 화자의 심경과, 신비로운 영산을 보았던 어린 시절의 '나'와 영산이 없어진 것을 확인한 어른이 된 '나', 세월의 거리만큼 달라진 이 두 사람의 이력에 관심이 있다. 왜냐하면 이 시에는 화자의 고향이 이러저러하게 오염되었다고 하는 말은 어디에도 없기 때문이다. 오히려 고향 공간은 예전과 다름없는 모습으로 여전히 그렇게 있는지도 모른다. 고향 공간을 채워주던 산하는 물리적인 실체로서 장소를 점유하고, 또 변함없는 모습으로 그곳에 있을 것이다. 그가 고향에서 만난 낯선 사람들은 어쩌면 그가 고향을 떠난 후 그곳에서 태어나 성장한 사람들인지도 모른다. 시인보다도 더 오랫동안 그곳에서 살고 있는 사람들이 시인이 보려는 그런 산이 없다고 하니 그들의 말을 신뢰할 수 있다.

아무튼 이 시에서 흥미 있는 부분은 시인이 어느 날 갑자기 고향의 영산을 '보기' 위해 갔다는 것과 이제는 그 신비로운 영산이 '없음'을 확인했다는 것 두 가지다. 이 두 사건을 풍경학적인 관점에서 바라보면, 풍경의 문제가 그것을 체험하는 인간의 존재론적 사건의 문제로 귀결된다는 점을 알 수 있다. 이 흥미로운 문제를 생각하기 위해 우선 풍경의 정의부터 살펴보도록 하자.

풍경은 가장 간명하게 '대상 또는 대상군의 전체적인 바라봄이며 그것을 계기로 형성되는 인간 또는 인간 집단의 심적 현상'으로 정의된다. 또는 '대지의 시각상과 인간 정신이 만나는 곳에서 발생하는 특이한 세계상'이라고도 정의된다. 후자는 일본의 경관공학자 나카무라 요시오가 내린 것인데, 그는 이렇게 덧붙인다.

"그것은 공간의 객관적인 성질이 아니다. 그렇다고 해서 순수한 시각상도 아니다. 말하자면 그 중간에서 발생하여 인식과 평가가 혼연일체가 되어, 현전現前하는 공간의 시각상이 핵심이 되어 성립하는 이미지 현상이다."

풍경이란 대지의 투시 형태를 지칭하는 것이 아니라 그것을 계기로 히여 인간의 내부에서 발생하는 이미지 현상이다. 풍경이라는 현상에는 대지라는 물리적 실체와 그것을 시각상으로 포착하는 사람, 이 양자의 존재가 필수다.

먼저 대지는 태고 이래 다양한 사람들과 맺어온 관계를 배경으로 해서 형성된다는 점에 주목할 필요가 있다. 그리고 그곳을 삶의 터로 삼고 살아온 사람들의 손때가 배어 있기도 하다. 사람 역시 순수하게 풍경을 체험할 요량으로 대지의 시각상을 받아들이고 이미지를 부풀리지만, 실은 그 시각상에는 그 사람이 살아온 이력이 투영되어 있다.

풍경이라는 현상은 대지와 사람이 각각 스스로의 과거를 짊어지고 시각상으로 만나는 곳에서 발생한다. 그래서 눈앞에 있는 시각상이 동일하다고 할지라도 그것을 보는 사람이 제각각이므로 풍경의 이미지는 천차만별이다. 다시 말해서 보는 사람의 수만큼의 풍경이 거기에 있는 것이다. 이렇게 보면 풍경의 눈맛을 아는 자와 그렇지 않은 자는 다른 세계에 살고 있는 것이다. 또 똑같은 대지라고 할지라도 볼 때마다 천변만화千變萬化하는 연유가 거기에 있다. 참 다행이다. 매일 똑같

단양 풍경.
풍경에는 그 대지를 삶의 터로 삼고 살아온 사람들의 손때가 배어 있다.

은 풍경을 보지 않아도 되니까. 어제의 나와 다른 오늘의 내가 어제와 똑같은 물리적 환경을 보고 어제는 느끼지 못했던 아름다움을 가슴 저리도록 느끼게 되는 것이 풍경이라는 현상의 특징이다.

김광규의 시 「영산」의 진술을, 평론가가 말하듯이 '신비로운 산의 본질이자 동시에 영산의 신비에 도취해 있던 의식이 깨어남으로써 비로소 밝힐 수 있게 된 영산의 정체'를 말하는 것으로 읽기보다는, 평범한 야산 아니면 실재하지 않는 산을 신비로운 영산으로 보았던 그때의 자기와 지금 영산을 찾아 나선 어른이 된 자기의 이력의 차이를 말하고 있는 것으로 읽고 싶은 이유가 여기에 있다. 예전의 그는 그때 당시 지니고 있던 감수성과 미의식과 공간감각으로 신비로운 영산을 본 것이고, 지금의 그는 예전과는 다른 생경한 시선으로 고향의 풍경을 바라보고 있는 것이다. 다시 말해서 「영산」의 진술은 영산을 보고 있던 그때의 자기와 지금의 자기와의 존재의 차이를 드러내는 것이라 할 수 있다.

이러한 경험은 「영산」의 화자에만 한정된 것이 아니다. 예를 들어, 지금은 대기오염의 추한 풍경으로 여겨지는 공장 굴뚝의 연기도 한때는 도시를 생기 있게 하는 모습으로 인식되었다. 또 산악 풍경의 대명사격인 알프스도 18세기초까지는 '지구의 모든 종류의 쓰레기 더미가 퇴적한 것'(존 에블린)이나 그저 산(몽테스키외)으로 취급되었다.

이처럼 세계에 대한 미적 가치는 그것을 보는 인간의 시선에 달려 있다. 우리 내부에서 발생하는 새로운 미학은, 적어도 풍경 체험에 한

정하여 말하면, 우리를 새로운 존재로 태어나게 한다. 예를 들면 좋은 시를 읽었을 때가 그렇다. 바슐라르는 좋은 시를 읽고 난 후의 감동을 이렇게 말한다.

"울림은 우리들로 하여금 우리 자신의 존재의 심화에 이르게 한다. 반향 속에서 우리들이 시를 읽는다면, 울림 속에서 우리들은 우리들 자신의 시를 말한다. 그때 시는 우리들 자신의 것이기 때문이다. 울림은 말하자면 존재의 전환을 이룩한다. 우리들이 읽고 있는 시 작품이 우리들 전체를 온통 사로잡는 것이다."(바슐라르, 『공간의 시학』)

풍경을 체험하는 것은 세계를 체험한다는 점에서 시를 읽는 것과 같다. 세계 인식이 언어에 의해서만 가능하다는 점을 생각하면 더욱 그렇다. 시를 읽고 감동하는 것은 바슐라르의 말을 빌리면 우리의 존재 자체를 갱신하는 울림 때문이다. 이는 풍경 체험에서도 마찬가지다.

위의 인용문에서 '시'를 '풍경'으로 바꾸어놓으면 이렇게 된다.

"울림이 있는 풍경 체험은 우리들로 하여금 우리 자신의 존재의 심화에 이르게 한다. 반향 속에서 우리들이 객관적인 시각상을 본다면, 울림 속에서 우리들은 우리들 자신이 담긴 풍경을 말한다. 그때 풍경은 우리들 자신의 것이기 때문이다. 울림은 말하자면 존재의 전환을 이룩한다. 우리들이 체험하고 있는 풍경이 우리들 전체를 온통 사로잡는 것이다."

그렇다. 풍경에서 우리가 감동하고, 그것이 우리의 존재 자체를 뒤흔들 정도의 울림이라면 우리는 이전과 다른 사람이 되어 있는 것이

단양팔경 중 '식문' 풍경.
울림이 있는 풍경 체험은
우리들로 하여금 우리
자신의 존재의 심화에
이르게 한다.

다. 프랑스 작가 장 그르니에는 지중해 풍경이 자신의 존재의 탄생을 촉구하고 있었다고 진술한다.

"이리하여 어느 날 어떤 친구와 더불어 노르망디식과 비잔틴식 궁전들이 즐비한 지중해를 굽어보고 있는 라벨로에까지 걸어 올라갔을 때 나는 전혀 예기치 않았던 충만감을 맛보았다. 심부로네 테라스의 포석들 위에 가만히 엎드려서 나는 대리석 위에 춤추는 빛을 내 안으로 스며들게 하고 있었다. 나의 정신은 그 투명함과 그 저항의 유희 속으로 가뭇없이 빠져들더니 이윽고 고스란히 회복되었다. 나는 모든 지성을 혼미하게 만드는 바로 그 스펙터클에 참여하고 있다는 느낌을 받았다. 어떤 탄생을, 나 자신의 탄생을 목격하는 느낌이었다. 어떤 다른 존재가 태어나는 것일까. 구태여 다른 존재랄 까닭이 무엇인가. 그 때서야 비로소 '존재하기' 시작한다고 여겨졌다."(장 그르니에, 『섬』)

지성을 혼미하게 만드는 광경 속에서 비로소 '존재한다'는 실재감을 획득한 바로 그 순간이 풍경이 혼을 울리는 순간일 것이다.

한국문학사에 남을 대작을 집필한 한 작가는 회복 가능성이 희박한 수술을 하는 날 아침, 병실 창문을 통해 하염없이 바깥을 바라보았다고 한다. 그가 본 것은 사람들이 일상을 여는 아침의 풍경이었다. 죽음의 문턱에서 그가 봐두고 싶었던 것은 그저 평범한 사람들이 연출하는 아침 풍경이었다. 일상의 평범한 아침을 생애 마지막 풍경으로 삼은 것이다. 열심히 사는 모습이 가장 아름답다고 생각한 것일까. 만약 그랬다면 이 세상과 결별하게 될 지도 모르는 바로 그 때, 그 풍경의 아름다움을 느낄 수 있는 존재로 새롭게 태어났기 때문일 것이다.

이번에는 아름다운 풍경에 목숨을 던진 사람들의 얘기를 들어보자.

"가장 아름다운 명승지와 아름다운 해변에는 무덤들이 있다. 그 무덤들이 그곳에 있는 것은 우연이 아니다. 그곳에서는 너무 젊은 나이에 자신들의 내부로 쏟아져 들어오는 그 엄청난 빛을 보고 그만 질려버린 사람들의 이름을 읽을 수 있다."(장 그르니에, 앞의 책)

그러나 그들이 목숨을 버린 것은 자기 내부로 들어오는 빛에 질렸기 때문만은 아닐 것이다. 그 빛은 세상을 공백 상태로 만드는 지중해의 태양이다. 그 빛을 본 사람들은 공백으로 돌아간 이 세상에 살아 있는 단 하나의 존재인 자기와 대면하게 된다고 한다.

아름다운 풍경에서 절대적인 자기와 해후하는 것과 그때 처음 만난 자기의 존재를 지워버리는 행위 사이에 어떤 함수관계가 있는가. 그르니에는 '위대한 풍경의 아름다움이란 인간으로서 감당하기엔 너무나 벅찬 것'을 자살의 알리바이로 들고 있다. 나는 여기에 '그곳이 존재의 갱생을 여기서 멈추고 싶을 정도로 자기 존재의 완성을 가져다 줄 풍경이기 때문이다'라는 말을 덧붙이고 싶다.

그런데 시인은 왜 영산이 보고 싶었을까. 그 이유를 시의 글귀만으로는 알기 힘들다. 시적 화자의 나이니 성별을 알기 힘들기 때문에 성급히 말하기는 힘들지만, 일반적으로 말한다면 늙거나 병든 자가 갑자기 고향을 보러 가자고 조를 때 그의 가족은 임종을 준비한다. 그가 고향을 보러가는 것은 과거를 회고하기 위한 것이 아니라 고향 풍경으로 결박해둔 그때의 자기를 확인하러 가는 것이다. 그렇게 고향 풍

낙안 읍성마을 풍경. 고향을 보러 가는 것은 풍경으로 결박해둔 그 때의 자기를 확인하러 가는 것이다.

경을 가슴 가득히 담아 돌아와서는 이 세상과 결별한다. 고향 풍경에 각인된 과거의 자기를 스스로의 손으로 거두어들이기나 하듯이 하나하나 정리한다.

    단언하기는 힘드나 자살자들이 자기가 살던 장소를 한눈에 내려다볼 수 있는 뒷산이나 높은 곳을 마지막 장소로 선택하는 것도 그곳이 목숨으로 항의하는 절규가 도달하기 쉬운 곳이어서라기보다는 자기가 풍경으로 피어 있던 곳을 단번에 확인할 수 있는 절호의 장소이기 때문일 것이다. 자신이 몸담았던 장소와 시간들을 하나하나 풍경으로 떠올린 후 그는 푸른 허공 속으로 몸을 던진다. 그의 실존을 담보하고 있던 풍경 속으로 뛰어드는 것이다.

죽음의 순간 우리는 자신이 살아온 생애를 한 폭의 두루말이 그림을 펼치듯이 되새겨본다고 한다. 이 세상에 살았다는 증거를 되새기듯이 자기가 몸담았던 풍경을 하나하나 눈앞에 떠올린다고 한다. 일생 동안 숱하게 변해온 자기를 확인하듯 하는 이 행위는 풍경 속에 육신을 투묘投錨함으로써 실재감을 확보했던 지금까지의 자기를 되돌아보는 체험이다. 그리고 한 장 한 장 페이지를 넘기듯이 이제까지의 자신을 청산하고 저 세상으로 환생하기 위한 준비를 하는 것이다.

시인은 '불현듯' 영산이 보고 싶었다고 한다. 짐짓 '불현듯'이라고 해두었지만, 실은 오래 전부터 준비해온 것이 아닐까 싶다. 그때의 자기를 보기 위해.

신비로운 영산을 바라보았던 그때의 그는 누구인가. 그리고 지금의 그는 얼마나 변했기에 영산을 보지 못하고 있는가. 영산을 보지 못하는 그는 이제 어떤 풍경을 보고 신비롭다고 여길까. 이 세상을 떠날 때까지 그는 다시 영산을 만날 수 있을까.

인용 및 참고문헌

고은, 『제주도』, 일지사, 1976
민족문화추진회, 『신증동국여지승람』, 민문고, 1989
에른스트 H. 곰브리치, 최민 옮김, 『서양미술사』, 열화당, 1994
곽희, 허영환 옮김, 『임천고치林泉高致』, 열화당, 1989
김훈, 『자전거여행』, 생각의나무, 2000
김광규『희미한 옛사랑의 그림자』, 문학과 지성사, 1995
김인후, 김봉렬 옮김, 「소쇄원을 위한 즉흥시」, 김봉렬, 「소리와 그늘과 시의 정원, 소쇄원」, 『이상건축』 9607, 1996
김부식, 이병도 옮김, 『삼국사기』, 누리미디어, 1999
김영무, 「'영산'에서 '크낙산'으로」, 김광규『희미한 옛사랑의 그림자』, 문학과 지성사, 1995
김창협, 고연희 옮김, 「사자암」, 고연희, 『조선후기 산수기행예술연구』, 일지사, 2001
김춘수, 「바람」, 『현대시학』 2000년 5월호, 현대시학사
두보杜甫, 심경호 옮김, 『당시唐詩읽기』, 창작과 비평사, 1998
마르틴 바른케, 노성두 옮김, 『정치적 풍경』, 일민, 1997
마르틴 부버, 김천배 옮김, 『나와 너』, 대한기독교서회, 1973
미셸 오, 이종인 옮김, 『세잔』, 시공사, 1996
미셸 푸코, 이광래 옮김, 『말과 사물』, 민음사, 1980
바슐라르, 곽광수 옮김, 『공간의 시학』, 민음사, 1990
박영래, 월간 『산』 1999년 9, 11월호, 조선일보사
박영주, 『정철평전』, 중앙 M&B, 1999
박지원, 정민 옮김, 「불이당기不移堂記」, 정민 『비슷한 것은 가짜다』, 태학사, 2000
백기수, 『미학서설』, 서울대출판부, 1984
소쇄원시선편찬위원회, 『소쇄원시선』, 1995
신기원, 『초보자를 위한 관상학』, 대원사, 1991
아도르노, 방대원 옮김, 『미적이론』, 이론과 실천, 1991

안중국, 월간『산』1999년 12월호, 조선일보사
안휘준,『한국 회화의 전통』, 문예출판사, 1988
앙리 베르그송, 강영계 옮김,『도덕과 종교의 두 원천』, 삼중당, 1976
오주석,『옛그림 읽기의 즐거움』, 솔, 1999
유홍준,『화인열전』, 역사비평사, 2001
유홍준, 이태호 편,『만남과 헤어짐의 미학』, 학고재, 2000
이규태,『재미있는 우리의 음식이야기』, 기린원, 1991
이인식,『사람과 컴퓨터』, 까치, 1992
이중환, 이익성 옮김,『택리지擇里志』, 을유문화사, 1971
이퇴계,「유소백산록遊小白山錄」,『국역 퇴계집』, 민족문화추진회, 1968
장 그르니에, 김화영 옮김,『섬』, 민음사, 1997
정동오,『동양조경문화사』, 전남대학교, 1990
존 에클스, 박찬운 옮김,『뇌의 진화』, 민음사, 1998
최기철,『민물고기를 찾아서』, 한길사, 1991
최남선,『최남선 전집3(조선상식지리편)』, 현암사, 1973
최완수,『겸재를 따라가는 금강산 여행』, 대원사, 1999
최완수,『겸재 정선 진경산수화』, 범우사, 1993
최창조,『한국의 풍수사상』, 민음사, 1984
케빈 린치, 황성수 옮김,『도시의 상』, 녹원출판사, 1984
한필석, 월간『산』1999년 7, 12월호, 조선일보사
홍경모, 최완수 옮김,「천불동기」, 최완수,『겸재를 따라가는 금강산 여행』, 대원사, 1999
황기원,「경관과 관련 술어의 개념에 관한 고찰」,『한국조경학회지』22(4), 1995
황석영,『노티를 꼭 한 점만 먹고 싶구나』, 디자인하우스, 2001
市川浩,『身の構造』, 講談社, 1993
篠原修,『土木景觀計画』, 技報堂, 1982
立花隆,『腦を鍛える』, 新潮社, 2000
谷川渥,『形象と時間』, 講談社, 1998
中村良夫,「交通行動に關連した景觀体驗の空間意味論的硏究」,『國際交通安全学会誌』, 1979

中村良夫, 『風景学入門』, 中央公論社, 1982

中村良夫, 『景觀論』, 技報堂, 1977

中村良夫, 「ランドスケープ：その軌跡と展望」, 『土と基礎』, 1995

樋口忠彦, 『景観の構造』, 技報堂, 1975

宮崎清孝・上野直樹, 『視点』, 東京大学出版会, 1985

森利夫, 「'ザ・ピクチャレスク'としての廢墟」, 谷川渥, 『廢墟大全』, Treville, 1997

村山智順, 『朝鮮の風水』, 國書刊行會, 1931

エドワード・ホール, 日高敏隆・佐藤信行 訳, 『かくれた次元』, みすず書房, 1970

オギュスタン・ベルク, 篠田勝英 訳, 『日本の風景, 西欧の景観』, 講談社, 1990

J.J. ギブソン, 古崎敬・古崎愛子 訳, 『生態学的視覚論』, サイエンス社, 1985

クルド・コフカ, 鈴木正彌 訳, 『ゲシュタルト心理学の原理』, 福村書店, 1989

クロード・レヴィ・ストロース, 大橋保生 訳, 『野生の思考』, みすず書房, 1976

テレンバッハ, 宮本忠雄・上田宣子 訳, 『味と雰圍氣』, 白水社, 1980

U. ナイサ, 古崎敬・村瀬旻 訳, 『認知の構圖』, サイエンス社, 1978

U. ネイサ, 「ものを見るしくみ」, 『サイエンス』別冊10, 日本經濟新聞社, 1975

メッツガー, 盛永四郎 訳, 『視覚の法則』, 岩波書店, 1968

ユクスキュル, 日高敏隆野・野田保之 訳, 『生物から見た世界』, 思索社, 1973

Jay Appleton, 『The Experience of Landscape』, John & Wiley, 1975

John Beardsley, 『Earthworks and beyond』, Abbeville press, 1998

James J. Gibson, 『The Perception of the Visual World』, The Riverside Press, 1950

E. Bruce Goldstein, 『Sensation and Perception』, Brook/Cole Publishing Company, 1989

Geoffrey and Susan Jellicoe, 『The Landscape of Man』, Thames and Hudson, 1987

Monique Mosser & Georges Teyssot, 『The History of Garden』, Thames and Hudson, 1991

J. Douglas Porteous, 『Environment Aesthetics』, Routledge, 1996

Christopher Tunnard & Boris Pushkarev, 『Man-Made America』, Yale University Press, 1963

강영조 姜榮祚

동아대학교를 나와 일본에서 조경학 분야의 명문으로 꼽는 치바千葉 대학 대학원으로 진학하면서 본격적으로 조경 및 경관 분야를 공부했다. 거기서 수업시간의 교재로 읽은 『풍경학 입문』에 매료되어 경관공학의 길로 접어들었는데, 그때 좋은 풍경이란 눈으로 봐서 아름다울 뿐 아니라 사람이 그 속에서 '살기에 좋은 것처럼' 보여야 한다는 것을 알게 되었다.

이후 아이愛식물설계사무소에서 실무를 경험하면서 산하와 산하 그리고 그 산하의 풍경과 인간이 온전한 관계를 맺고 있을 때 좋은 풍경이 탄생한다는 것을 절감했다. 경관공학의 산실인 도쿄공업대학 사회공학과 경관공학연구실에서 공학박사 학위를 받았으며 현재 동아대학교 도시계획·조경학부 교수로 있다.

우리 산하 풍경의 아름다움을 알기 쉽게 해설하는 글쓰기도 경관설계의 한 방편이라고 생각하여 월간 『산』에 '산의 형상과 그 체험', '풍경문화', '한국의 명풍경을 찾아서'를 연재하였다. 「겸재 정선의 진경산수화에 나타난 조망 행동」으로 2002년도 조경학회 우수논문상을 수상했으며, 저서로 『풍경의 발견』(2005, 효형출판)이 있다.

풍경에 다가서기

지은이 강영조

2003년 1월 30일 초판 1쇄 발행
2006년 4월 20일 초판 3쇄 발행

펴낸곳 효형출판
펴낸이 송영만

디자인 자문 최웅림

인쇄 대신문화사

등록 제406-2003-031호 | 1994년 9월 16일
주소 경기도 파주시 교하읍 문발리 파주출판도시 532-2
전화 031·955·7600
팩스 031·955·7610
홈페이지 www.hyohyung.co.kr
이메일 booklove@hyohyung.co.kr

ⓒ Kang Youngjo, 2003
ISBN 89-86361-75-2 03600

이 도서의 국립중앙도서관 출판시도서목록(CIP)은 e-CIP 홈페이지(http://www.nl.go.kr/cip.php)에서 이용하실 수 있습니다.(CIP제어번호: CIP2006000712)

※ 이 책에 실린 글과 그림은 효형출판의 허락 없이 옮겨 쓸 수 없습니다.

값 18,000원